集成创新设计论丛（第二辑）

Series of Integrated Innovation Design Research II

方海　胡飞　主编

# 表征：材质感性设计与可拓推理

# Characterization:
## Product Perceptual Design and Extension Reasoning of Material Quality

张超　魏昕　著

U0254142

中国建筑工业出版社

**图书在版编目（CIP）数据**

表征：材质感性设计与可拓推理／张超，魏昕著.
—北京：中国建筑工业出版社，2019.11
（集成创新设计论丛／方海，胡飞主编. 第二辑）
ISBN 978-7-112-24577-2

Ⅰ.① 表… Ⅱ.① 张… ② 魏… Ⅲ.① 材料－设计
Ⅳ.① TB3

中国版本图书馆CIP数据核字（2019）第286219号

　　现代产品设计在外形上日趋同质化，产品材质的情感化表达在工业设计中越来越发挥重要作用。本书采用可拓学方法，结合工业设计、感性工学等基本理论，研究材质感性设计的表征、推理方法，旨在解决材质感性设计在创意生成过程中的模糊性、不确定性、效率低下等问题，实现材质与感性意象推理过程智能化，自动评价优选生成创新材质设计方案。

　　本书建立了面向用户感性意象的产品材质设计可拓表征方法和推理规则，以汽车内饰为研究对象，建立多材质设计要素关于关键体感评价特征的统一标准。最终构建了材质感性设计可拓专家系统，辅助设计过程。通过研究，为建立产品材质感性设计可拓创新方法理论体系奠定基础，为感性设计、材质设计和设计方法学提供新的思路、方法和案例。

　　本书适合工业设计、设计艺术学、可拓学等专业师生及行业从业者阅读使用。

责任编辑：吴绫　唐旭　贺伟　李东禧
责任校对：赵昕雨

**集成创新设计论丛（第二辑）**
方海　胡飞　主编
**表征：材质感性设计与可拓推理**
张超　魏昕　著

＊

中国建筑工业出版社出版、发行（北京海淀三里河路9号）
各地新华书店、建筑书店经销
北京锋尚制版有限公司制版
北京中科印刷有限公司印刷

＊

开本：787×1092毫米　1/16　印张：8¾　字数：180千字
2019年11月第一版　2019年11月第一次印刷
定价：**49.00**元
ISBN 978-7-112-24577-2
（35028）

# 序

都说，这是设计最好的时代；我看，这是设计聚变的时代。"范式"成为近年来设计学界的热词，越来越多具有"小共识"的设计共同体不断涌现，凝聚中国智慧的本土设计理论正在日益完善，展现大国风貌的区域性设计学派也在持续建构。

作为横贯学科的设计学，正兼收并蓄技术、工程、社会、人文等领域的良性基因，以领域独特性（Domain independent）和情境依赖性（Context dependent）为思维方式，面向抗解问题（Wicked problem），强化溯因逻辑（Adductive logic）……设计学的本体论、认识论、方法论都呼之欲出。

广东工业大学是广东省高水平大学重点建设高校，已有61年的办学历史。学校坚持科研工作顶天立地，倡导与产业深度融合。广东工业大学的设计学科始于1980年代。作为全球设计、艺术与媒体院校联盟（CUMULUS）成员，广东工业大学艺术与设计学院坚持"艺术与设计融合科技与产业"的办学理念，走"深度国际化、深度跨学科、深度产学研"之路。经过30多年的建设与发展，目前广东工业大学设计学已成为广东省攀峰重点学科和广东省"冲一流"重点建设学科，在2017和2019软科"中国最好学科"排名中进入A类（前10%）。在这个岭南设计学科的人才高地上，芬兰"狮子团骑士勋章"获得者、芬兰"艺术家教授"领衔的广东省引进"工业设计集成创新科研团队"、国家高端外国专家等早已聚集，国家级高层次海外人才、青年长江学者、南粤优秀教师、青年珠江学者、香江学者等不断涌现。"广工大设计学术月"的活动也在广州、深圳、佛山、东莞等湾区核心城市形成持续且深刻的影响。

广东工业大学"集成创新设计论丛"第二辑包括五本，分别是《无墙：博物馆设计的场域与叙事》《映射：设计创意的科学表达》《表征：材质感性设计与可拓推理》《互意：交互设计的个性化语言》《无废：城市可持续设计探索》，从城市到产品、从语言到叙事，展现了广东工业大学在体验设计和绿色设计等领域的探索，充分体现了"集成创新设计"这一学术主线。

"无墙博物馆"的设计构想可追溯至20世纪60年代安德烈·马尔罗（André Malraux）的著作。人与展品的互动应成为未来博物馆艺术品价值阐释的重要方式。汤晓颖教授在《无墙：博物馆设计的场域与叙事》一书中，探索博物馆设计新的表现介质与载体，打破"他者"在故事中所构建的叙事时空，颠覆了传统中"叙事者"和"观赏者"之间恒定不变的主从身份关系，通过叙事文本中诸如时空、人物、事件等元素的组织序列，与数字化交互技术相结合，探索其内容情节、时间安排和空间布置，形成可控制的、可操作的、可体验的和可无限想象的新的场域与叙事艺术及设计方法。

贺继钢副教授在《映射：设计创意的科学表达》中，分析了逻辑思维、形象思维和直觉思维在创意设计中的作用，介绍了设计图学的数学基础和工程图样的基本内容及相关的国家标准，以及计算机绘图和建模的方法和实例。最后，以定制家具企业为例，介绍了在信息技术和互联网技术的支撑下，数据流如何取代传统的图纸来表达设计创意，实现数字化设计、销售和制造。通过这个案例，让不同专业的人员理解科技与设计融合的一种典型模式，有助于跨专业人员进行全方位的深度合作。

材质的情感化表达及推理是工业设计中的重要问题。张超博士在《表征：材质感性设计与可拓推理》中，以汽车内饰为研究对象，在感性设计、材质设计中引入可拓学的研究方法，通过可拓学建模、拓展、分析和评价，实现面向用户情感的产品材质设计过程智能化，自动生成创新材质设计方案。该书研究材质感性设计表征及推理规则，旨在探索解决材质感性设计在创意生成过程中的模糊性、不确定性和效率低下等问题。

纪毅博士在《互意：交互设计的个性化语言》中积极探索支持人类和各种事物之间有效交流的共同基础。通过创建一个个性化的交互产品，用户可以有效地与交互项目进行通信。通过学习交互设计语言，学习者将从不同的角度设计交互产品，为用户创造全新的交互体验。

垃圾问题是一项关乎民生和社会可持续发展的社会问题。萧嘉欣博士秉持着批判和反思的立场，在《无废：城市可持续设计探索》中重新审视城市中的垃圾问题及其可持续设计的方向。萧博士希望通过对物理、社会和文化因素的分析，让人作为人，空间作为空间，深刻反思一下人与空间究竟是何种关系？人与垃圾之间的关系又是如何？什么才是适合现代人的居住环境？我们该如何构建可持续城市？

"集成创新设计论丛"第二辑是广东省攀峰重点学科和广东省"冲一流"重点建设学科建设的阶段性成果，展现出广东工业大学艺术与设计学院教师们面向设计学科前沿问题的思考与探索。期待这套丛书的问世能够衍生出更多对于设计研究的有益思考，为中国设计研究的摩天大厦添砖加瓦；希冀更多的设计院校师生从商业设计的热潮中抽身，转向并坚持设计学的理论研究尤其是基础理论研究；憧憬我国设计学界以更饱满的激情与果敢，拥抱这个设计最好的时代。

胡　飞

2019年11月

于东风路729号

# 前　言

　　强调"以用户为中心"是现代工业设计的显著特点，要求产品设计不仅需要满足用户的功能需求，更要考虑和体现用户的情感价值。随着市场竞争的加剧，产品外形同质化的趋势日益凸显，材质设计成为产品差异化战略的一个重要方向。人工智能的兴起，使智能设计成为工业设计的另一发展趋势。本书以可拓学、工业设计、感性工学、色彩学和材料学等学科知识为基础，采取定性定量相结合的方式来研究产品材质设计的形式化表征、推理及自动生成方法，以准确匹配用户情感需求，提升产品设计创新效率，为智能化解决材质感性设计中的矛盾问题创造条件。

　　材质是材料、色彩、工艺和纹理等多种要素交叉融合的综合表现。人们对材质的感性认知需要通过视觉、触觉、味觉和嗅觉等多维感官通道来获得，而在材质感性设计的已有研究成果中，多数属于单个材质要素单通道感知的研究，无法准确全面地表征用户复杂的情感意象，创建的感性设计模型或方法难以在实践中推广应用。本书以汽车内饰材质设计为例，通过可拓学形式化建模、拓展、分析和评价，研究多要素统一的材质感性设计表征及推理方法。探讨在传统工业设计创新过程中，凭借设计师的直觉和经验，设计方案优选缺乏定量评价工具，设计结果存在较大不确定性，创新效率不高，创新经验与案例难以推广等一系列问题的解决方案，旨在寻求材质感性设计推理问题的策略，探索实现材质感性智能化设计的技术路线。

　　主要内容及结构如下：

　　1. 建立材质感性可拓学表征和推理方法。

　　首先是进行材质感性意象与材质要素的相关性分析，依据可拓学共轭分析原理和相关性分析原理，提出基于触觉、视觉和味觉等多感官通道的"体感评价特征"，在用户情感意象（虚部）基元和材质要素（实部）基元之间建立了相关性。

　　其次，采用可拓创新四步法通过对目标基元（情感）、条件基元（材质）和关键体感评价特征进行参数化表征，建立了相关要素及问题的可拓学基元模型，明确了"事物、特征、量值"，经过"一物多征"、"一征多值"和"一值多征"等方式发散拓展分析方法，及"置换、增删、扩缩、复制"等基本变换及运算过程，再对方案进行优度评价，获得典型用户情感意象的最佳材质设计方案策略；通过转换目标及条件基元，获得材质要素组合最可能引发的用户情感意象词汇。

　　2. 进行材质感性设计领域知识获取和表征。

　　在感性信息的获取过程中，采用语义差异法、口语分析法和KJ法等情感度量及情感分类方法，对用户情感意象词汇、体感评价词汇和汽车内饰样本进行搜集、筛选和聚类，得出"动感的"、"奢华的"、"商务的"和"简洁的"四类汽车内饰的典型用户情感意象，得出"光泽感"、"温度感"、"体量感"和"硬度感"四个关键体感评价维度。解构典型用户情感意象汽车内饰材质要素，分析不同情感意象体感评价特征。运用语义差异法，对典型情感意象样本进行体感评价。

最终成果体现在以下方面：（1）建立了用户情感语义空间集、体感评价维度、典型情感意象材质样本看板和汽车内饰材质库；（2）明确了特定情感意象基元关于体感评价关键特征的量值范围，基本运算、变换及评价方法，建立了材质感性设计可拓关联规则；（3）明确各材质基元关于体感评价关键特征的量值范围和优先级别，建立了色彩、材料和表面处理工艺三种设计要素关于体感评价关键特征的统一标准，绘制了材质要素三维体感意象尺度图，建立了汽车内饰典型情感意象与材质各要素之间的相关性推理规则。

3. 基于Uinty平台建立了汽车内饰材质感性设计的可拓学专家系统，将材质感性设计过程软件化和智能化，实现了特定情感意象与汽车内饰材质要素之间的双向可拓推理。通过计算机辅助材质感性设计，为材质设计人员提供可行的技术支持。对专家系统输出的四类意象材质设计方案进行优度评价，结果显示专家系统能够在一定程度提升材质设计效率、质量和可靠性。

通过材质感性设计可拓推理研究和实践应用，本书为材质感性设计提供了一种新的方法，具备较强的可操作性，为设计方法学、感性工程和可拓工程等研究提供了新的思路和案例。

# 目　录

# 第1章

# 绪　论

## 1.1　研究背景

随着经济的发展和社会进步，现代工业设计的理念发生了转变，从20世纪二三十年代包豪斯"形式追随功能"的功能主义时期[1-6]和60至80年代的后现代主义时期[7]，再到"形式追随情感"的情感化设计阶段，"个性化设计"、"人本设计"和"以用户为中心"等设计思想不断地得到认同和强化，体现了对用户情感需求的重视和对人性的关怀[8-10]。进入21世纪以后，人类社会的生产活动达到了全新水平，参与市场竞争的企业越来越多，各种产品尤其是手机、电脑和汽车等的研发周期不断缩短，加上热销产品和强势品牌的影响，消费者审美呈现趋同的状态下，引发市面产品出现比较严重的同质化[11-13]，以往利用造型设计上的变化来体现用户情感价值的手段受限越来越明显，而产品的材质设计越来越得到重视，成为产品差异化设计的重要方向。

材料是产品客观存在的载体，材质是指产品各组成部分的材料、表面处理工艺、色彩、触感和纹理，在灯光及周边环境的影响下等综合呈现的物理状态[14-16]。感性是用户凭借个人经验、直觉和知识，对产品产生的感官判断和心理感受[17]。材质作为产品最直接的效果呈现，是消费者对产品产生印象的主要信息来源，通过材质设计增强产品视觉与触觉体验，是提高产品竞争力的有效手段。2000年以来，以日韩企业为代表的一批具有较强研发能力的生产企业开始对材质设计加大重视，纷纷成立CMF设计部门，组建了相关研究队伍。随着从业人员数量不断增多，CMF逐渐成了诸多企业研发部门一个重要的新兴组成部分。

CMF是由Colour、Material和Finishing三个英文单词首字母大写的组成，分别代表颜色、材料和表面处理工艺，但目前国内外均没有统一、权威的定义。CMF相关的设计研发工作内涵比较丰富，不能简单地从Colour、Material和Finishing三个单词所对应的中文翻译去定义CMF的概念。近年来，我国CMF从业人员的数量增长迅速，主要集中在长三角和珠三角地区，其中相当部分人员是工业设计师转任或兼任，为企业的产品设计、技术转化和供应链创新做出了很大的贡献。在生产过程中，经过了长期的合作和分工，CMF设计师逐渐形成了两个方向的实际工作内容和岗位职责：一个方向主要研究色彩、材料和表面质感的流行趋势，大多为感性认识层面的工作，强调视觉和触觉感官体验的塑造，偏向宏观，比较依赖设计师的直觉、天赋和经验，此类岗位通常称为前期CMF设计师，和工业设计师的职责有一定的重叠之处；另一个方向根据前期设计的感官效果呈现，提供实现量产的解决方案，通常需要进行较多的工程验证内容，处理大量复杂的技术问题，与供应商的联系比较紧密，此类岗位被称为后期CMF设计师。因此，CMF设计应定义为专有名词，指基于感官体验塑造的产品材质设计与实现。随着人工智能的兴起，设计创意的智能化生成趋势已经显露出来，材质的情感化设计、表达以及方案智能化生成已成为工业设计中的热点研究领域[18-22]。本书结合可拓学、工业设计、感性工学、色彩学、材料学科，来研究材质的形式化描述、推理及生成方法，以达到匹配用户的情感需求。通过对复杂的材质感性意象进行表征，将原本模糊的感性认知问题转化为较清晰的工程技术问题，有助于提升产品设计的效率。

经过四十多年的发展，国内外基于感性工学、统计学、基因遗传、神经网络等多种数学算法和计算机技术的产品感性意象设计相关研究已经有了一定的积累[23-26]，材质感性意象的研究已经由定性研究转向定量研究，由单一要素研究转向以CMF为代表的材质多要素整体意象的研究。

本书运用可拓学方法研究材质感性设计，能够直观、形象和具体地表达"事物以及关系"，通过可拓建模、拓展、变换和评价，建立面向情感的产品材质可拓双向推理专家系统，便于在工业设计中推广和实际应用，研究意义体现在如下方面：

（1）为材质感性设计和设计方法学提供新的思路、方法和案例。

一般的设计方法学研究侧重于定性推演，在实际设计过程多依赖设计师的经验和直觉，设计结果存在较大不确定性，具有明显的"黑箱"性质。感性设计研究旨在将人的感性需求转化为相应的设计特征，通常使用统计学、神经网络、支持向量机、基因遗传算法等数学和计算机工具[27]，比较抽象，难以在工业设计中广泛应用。本书在感性设计中引入可拓学方法，用形式化语言描述问题，通过基元建模、分析、拓展和评价，生成解决问题的策略，形象、简明和清晰地描述"物、事与关系"；本书旨在探索具有较强可操作性的材质设计方法，具有一定的理论和现实意义。

（2）提取关键体感评价特征，建立情感（可拓学意义的虚部）和材质（可拓学意义的实部）相关性，建立面向用户情感意象的和材质三大要素CMF的统一评价标准，拓展材质感性设计研究的新视野。

赵江洪等指出，意象是色彩、造型和材质等多种因素构成的综合心理表现，是用户通过多个产品要素的语义关联并经过综合认知加工后产生整体的意象[28]。产品材质CMF各要素之间往往是相互关联的，很难独立界定。简单的产品要素特征相加往往不能正确传达语义[29]。本书在材质设计中引入"通用关键特征"概念，将感性意象与材质多要素之间建立关联，将三大材质基本要素作为整体对象，避免各要素孤立研究的弊端，研究更具客观性。

（3）有助于可拓学学科的推广、应用和发展。

在情感设计和材质设计中首次引入可拓学方法，将用户情感意象与产品材质建立量化关联，实现用户情感与材质的双向推理，扩展了可拓学的应用领域，丰富可拓创新方法理论体系。

（4）建立基于可拓学的用户情感意象与产品材质双向推理的专家系统，可为材质设计人员提供技术支持，提升材质设计工作的效率、可靠性和科学性。

材质设计各个要素关系错综复杂，是相互影响不可分割的统一整体，其组合可呈现出无限的效果，富有挑战性，即使是经验丰富的设计师都难以掌控。本书通过可拓学建立用户感性意象和材质设计关键要素物理参数的基元模型，经过关键通用特征包括情感心理和材质物理特征及其量值的拓展变换，自动形成特定用户意象与其材质设计要素的双向推理，可为设计师生成面向用户情感的材质设计最优解提供依据，有利于设计预研、方案生成和方案评价，为实现材质设计智能化打下一定的理论基础。

## 1.2 文献综述

感性设计的研究方法，按照性质可以分为两类：一类是定性推论研究，运用定性的逻辑推理方法，分析消费者的情感与设计要素的对应关系；一类是量化分析研究，这是一个复杂的过程，其目的是通过一定的知识工具和方法，将用户隐性的感性需求转换为显性的设计元素[30]。

无论是定性还是定量研究，二者都需要在市场调查和消费者感性分析的初始阶段，运用定性的推理逻辑方法去获取消费者的感性意象资料。不同的是，定量分析方法需要辅助数量化的理论和方法对消费者的感性意象进行量化，构建感性意象和设计要素的关系模型，以指导设计实践。感性量化设计研究以明确的方式探讨感性量和产品要素之间的关系，能够高效地设计出符合消费者情感意象的产品，便于人们掌握模糊不清的感性问题，是现代设计的研究重点。

### 1.2.1 基于感性工学的设计研究

目前，感性意象理论研究相对比较成熟，研究者主要集中在东亚地区，影响力较大的是起源于日本的感性工学（Kansei Engineeing）[31, 32]。

关于用户情感意象与产品造型之间的映射关联研究，国内外学者做了大量的研究。姚湘、胡鸿雁[33]等基于感性工学方法、用户调研和数据统计分析的方法，对汽车车身侧面造型意象语汇进行降维，获取代表性意象语汇和其代表性汽车样本。余隋怀、胡志刚[34]等建立以数控机床配色规则及数控机床意象为主的案例知识表达方法，通过配色规则和色彩的提取和优化获取最终的配色设计方案。陈祖建[35]、龚剑波[16]、张仲凤[36]和郭劲锋[37]等学者将感性工学应用于家具设计研究，分别探讨了家具产品感性意象模型、形态感知意象、材质特性和设计方案评价问题。

Yan Zhou等[38]基于感性工学相关研究方法，采用聚类分析、多维标度和语义差分等方法对材料纹理图像进行了实验研究，量化消费者对材料的感性认知，并用神经网络建立数学模型，为工业设计中的材料选择提供理论依据。LOTTRIDGE D和CHIGNELL M[39]运用情感测量技术，评估和测量情感体验的可变性和表现力，探讨情感处理知识及其如何影响操作者的状态，得出更高效的交互效果。Tharangie[40]运用感性工学原理探讨色彩的情感变化和运用原则，证明了色彩的情感可变性在人机交互中起着重要的作用。

经过多年的发展，以感性工学为理论基础将用户情感转换为设计要素的方法仍然是工业设计研究的重点，但寻求更有效的量化工具仍是感性工学研究需要突破的难点。

## 1.2.2　基于神经网络、遗传算法、数量化理论的感性量化研究

基于神经网络和遗传算法的工业设计研究是近几年的热点，罗仕鉴、傅业焘和赵江洪[41-43]等学者将生物界基因遗传与变异理论引入产品族外形设计中，基于产品族风格意象和外形基因之间的映射模型，构建面向期望意象的产品族外形基因建模与设计系统，实现了产品族外形基因与意象之间的推理。

徐江等[44]利用遗传算法构建用户意象与产品造型的优化设计模型，运用语意差异法提取内隐的用户意象语意信息，用多维度尺度法、形态分析法分析产品造型特征，由数量化1类方法求取造型特征与感性意象之间量化关系。范跃飞[45]基于感性工学和神经网络，建立了更符合人的认知特性、带有预输入的神经网络感性意象评估系统，产品意象造型设计系统。

在数量化理论研究应用方面，苏建宁等[46]应用支持向量机、粒子群算法获得"造型设计参数—产品感性意象"之间的映射关系，建立产品意象造型优化设计系统。吴杜[47]详述了感性设计量化方法，对单一表进行响应建模方法、序次Probit回归方法和混合Logistic回归模型建模方法进行了比较研究。Hung-Yuan Chen和Yu-Ming Chang[48]采用数量化理论和数值定义的系统化方法提取产品形态特征，构建消费者对产品形态感知反应的预测模型。

## 1.2.3 产品材质的感性意象研究

如前文所述，已有的感性意象理论研究成果，在研究对象上多以单一特征要素，尤其以产品造型意象的研究为主，少量涉及材料要素的研究。

当今企业对产品材质设计越来越重视，加大了相关领域的投入，美国苹果公司在20世纪90年代就开始对材质应用进行深入研究并取得了显著成效，相关技术成果成了苹果产品的重要竞争力；韩国LG公司在2005年就建立了专门CMF研究机构，三星公司拥有数百人的技术团队，主要从事材料、色彩、应用技术及其工艺的研发；日本马自达公司重视材质在汽车内外饰造型设计中的应用，设计出了符合使用者心理，具有宽敞感和舒适感的乘坐空间。国内的小米、华为、传音和OPPO等行业领先企业同样非常重视材质的应用研究。小米研发团队先后将不锈钢和陶瓷材料应用于手机外壳，探寻色彩、材料和工艺的结合途径和方法，较好地实现了艺术与技术融合，创造出充满提升用户感官体验的新产品。

材料工程师对材质的研究具备系统性和科学性，但多是从化学和物理等角度，对材料本身的性能、加工、材料表面的组织及微观结构等技术方面的研发，没有直接涉及产品的应用问题，缺少与工业设计师的交流互动，缺少材质对用户情感体验方面的考虑，导致材料应用于产品时，必须经过改性或者反复的表面处理才能满足用户的期望，没有形成可执行的材质设计方法供产品研发人员参考。通过材质设计来满足用户情感意象的相关理论研究成果较少，部分研究构建了用户对材质的认知模型。

关于产品材质的感性意象量化方法，苏珂、孙守迁和孙凌云等[49, 50]应用感性工学的理论架构，分别基于模糊层次分析法、基因表达式编程等，构建了产品材质与用户感性意象之间的对应关系，建立了产品材质意象决策支持模型。汪颖、孙守迁、谈卫和曹子建等[51-53]基于基因表达式编程，对产品材料质感意象进化认知算法，解析材料质感要素与偏好意象之间的认知关系，利用虚拟现实技术，构建材质的渲染参数与材料质感意象的关联模型。

苗艳凤和关惠元[54]研究了山峰状木材纹理视觉特性，用聚类分析法对前期所采集的视觉心理量语意词汇进行分析，得出三类视觉心理量所对应的词汇，再用游标卡尺和角度测量仪等工具对被测样本进行纹理间距、纹理粗细和纹理周期等方面的视觉物理量测量，将所得结果与视觉心理量对比，得出山峰状木材纹理视觉特性的一般规律。

韩飞鸿[55]提出基于感性意象的白色家电CMF设计方法，并进行CMF各个设计元素感性意象分析及相关性研究。王炜[56]在基于CMF的混合动力型轿车面饰色彩研究中，运用市场分析、用户偏好研究和权威机构流行趋势解析的方法，提出汽车面饰色彩的趋势方向。

Zhang Chao和Wei Xin[57]采用可拓学方法，建立用户的情感意象和汽车内饰物理元素（CMF）之间的映射关系，为实现"材质情感设计"智能化、数字化奠定了基础。GROISSBOECK W和LUGHOFER E[58]应用遗传算法研究了视觉质感和人体感知之间的定量关系，结果验证了遗传算法解决关联问题的有效性。

材质是材料、色彩、工艺和纹理等多种因素的综合表现，单一材质要素的研究难以客观体现用户多种因素交织而产生的情感意象，只有将CMF材质要素作为整体对象进行研究才具客观性。目前，在材质意象的研究上，将产品材质的多个设计要素作为一个整体的研究文献较少。

在研究方法上，由于自身缺乏有效的量化工具和系统性的推理方法，材质感性设计研究多以语义差异法和感性工学为基础，结合遗传法、人工神经网络、多元线性回归分析、神经网络、数据挖掘以及模糊技术等多种数学方法和计算机技术来实现。由于一线设计人员的专业知识背景限制，加之能力水平参差不齐，掌握上述工具存在较大困难，所以相关研究成果在实际设计开发中应用并产生效益的情况较少，多数仍处于学术研究层面。

市场竞争的压力促使我国企业加大对材质设计的研发投入，但CMF技术人员大多从事设计方案转化和供应链管理工作，在市场取得成功的原创性材质设计案例数量还有很大的提升空间，无论是色彩方案、材料应用还是表面工艺。大多数企业采取追随策略，模仿欧美日韩企业的产品材质设计方案，缺乏引领产品创新和消费趋势的能力。CMF技术人员开展材质设计工作多依据经验，基于材质意象理论等方法和工具的CMF设计研究成果不多，总体处于起步阶段，缺少相对系统的量化推理方法和研究数据支撑。

## 1.2.4 基于可拓学方法的材质感性设计

可拓学是中国原创科学，由广东工业大学蔡文教授在1983年创立，正处于起步和不断发展阶段[59]。目前，美国、印度、德国、罗马尼亚等国学者积极参与研究[60-63]。在国内，可拓学方法在各个工程领域开展大量应用，构成了可拓工程，目前形成了与信息、工程、建筑、设计和管理等学科的交叉融合，并在景观设计、建筑设计、城市规划设计、产品设计和软件开发等领域取得了一定的理论成果[64-68]。

蔡文、杨春燕和汤龙等发表了新产品构思的第三创造法、可拓方法在新产品构思中的应用等学术成果[69-71]，介绍了可拓学的基础理论、方法体系及其应用情况，讨论了其科学意义与未来发展，总结了不相容问题求解研究的总体思路，并从理论基础、基本步骤、计算机实现以及领域应用等方面对现有研究成果进行阐述，展望其应用前景。

李卫华等[72, 73]在软件开发领域进行了可拓学的应用研究。赵燕伟等[74, 75]系统地介绍可拓学和可拓设计的形成及相互关系、可拓设计的研究方法和设计原理，对可拓设计各步骤环节的研究现状进行了综述。邹广天等[76]运用可拓学的菱形思维模式、逆向思维模式、共轭思维模式和传导思维模式，形成基于可拓学的建筑设计创新理论与方法，在建筑、景观、室内和城市规划等方面的可拓设计上取得了一系列的研究成果[77-80]。杨刚俊等[81]阐述可拓学的物元模型和菱形思维方法，分析了可拓学应用在产品创新设计中的可行性，创建了创新产品物元模型，如公式1.1描述：

$$R_{PD} = \begin{bmatrix} 产品设计, & 形态及语义, & 优良 \\ & 色彩, & 优良 \\ & 材质, & 优良 \\ & 人机关系, & 协调 \\ & 功能, & 优良 \\ & 品牌文化, & 相符 \\ & \vdots & \vdots \\ & 生产成本, & 低 \end{bmatrix} \quad (1.1)$$

Zhang Chao和Wei Xin[82]采用可拓学方法，进行机场自助服务终端的创新设计，运用可拓优度评价法、关联函数和优度计算对方案结果进行了评估，得出最优方案。

总之，运用形式化的可拓创新方法去定性定量地解决创新设计问题是一个重要且可行的研究课题[83]，已初步应用于产品创意生成、设计方案可拓评价和可拓设计软件研发等领域，并取得了一定的研究成果[84-88]。由于可拓学具有形式化描述事物的能力，通过分别对感性意象和产品材质相关物理因素建立可拓模型，再通过一定机制进行关联，就会使得产品材质感性设计问题具有智能化解决的可能，这是传统的设计方法所不具备的能力。目前文献检索结果显示，采用可拓学方法进行感性意象和CMF设计的理论研究成果未见，加强相关研究可以推动可拓学与工业设计知识的深度融合，是解决产品设计同质化，准确匹配用户需求和提高设计创新效率等问题的有效途径。

## 1.3　研究内容

本研究采用可拓学方法，结合工业设计、材料学和感性工学理论，立足于CMF设计创新的需要，研究材质的情感化设计方法，探索实现典型用户情感意象与产品材质设计之间双向可拓推理的技术路径,为感性设计、CMF设计和设计方法学提供新的思路、方法和案例。

本研究分为三个阶段:第一阶段,建立材质感性可拓模型和推理规则,提取体感评价特征,建立用户情感意象与产品材质设计的相关性,为建立产品材质感性可拓设计理论体系奠定基础。

第二阶段,素材搜集和分类阶段,通过网络、田野调查,文献查找和资料挖掘,再运用语义差异法(SD法)、卡片分类法(KJ法)、形态分析法和实验法等获取感性量,解构产品材质基本元素,提取产品材质要素(物理)和用户意象(心理、生理)的通用关键特征。建立情感语义资料库、体感评价语义集合、产品样本资料库、产品材质库。建立了材质CMF三大设计要素关于体感评价关键特征的统一标准,明确特定情感意象基元关于体感评价关键特征的量值范围,基本运算、变换和推理规则,明确各材质基元关于体感评价关键特征的量值范围和优先级别。

第三阶段,构建材质感性可拓设计专家系统,实现典型情感意象与材质要素的双向推理。

具体内容如下:

第1章,介绍材质感性设计研究的背景、目的和意义,国内外材质感性设计的研究现状。

第2章,介绍感性设计、材质设计、可拓设计的基本理论和量化方法。

第3章,建立材质感性设计基础模型,用户情感意象与材质设计的双向推理规则,包括以下内容:

(1)问题分析,界定目标和条件基元,建立产品材质设计可拓学基元模型。

(2)明确典型情感意象的通用关键特征值,建立关键特征基元模型,获取典型情感意象与材质各元素的关联。根据"一物多征、一征多值"拓展分析,实现"意象-材质"正向可拓推理;明确产品各材质各元素与关键特征值,根据"一征多物、一值多征"拓展分析,实现了"材质—意象"逆向可拓推理。

(3)通过对拓展基元的运算和优度评价,对设计对象的演变过程和结果实现量化分析,最终获得(基于特定典型意象)最优材质设计元素组合(正向推理)及(基于材质基本要素组合)最可能引发的感性意象(逆向推理)。

第4章,面向用户情感的材质设计领域知识提取及表征,包括以下内容:

(1)用户情感意象研究——情感意象词汇收集、筛选、典型情感聚类。对用户情感需求提取,情感语义词汇搜集、筛选及聚类。归纳出"奢华"、"动感"、"科技"、"简洁"等典型感性意象词汇,形成典型情感语义词汇对。

(2)提取用户情感意象(虚部)与材质要素(实部)相关性的通用关键特征,建立多要素统一标准。提取用户情感意象和产品材质要素的通用关键特征包括"粗糙感/光泽感、硬度感、温度感、体量感"等几个方面。如"温度"感，既是一种情感意象特征，同时在材质要素CMF上，色彩有温度，蓝色为极冷、橙色为极暖，除此之外，包括冷色（青色和紫色）、暖色（红色和黄色）、中性色（绿色和灰色等）；材料同样有冷暖感，如金属和玻璃给人冰冷感觉，织物给人温暖感；表面处理工艺上，同样地，金属拉丝和电镀工艺给人冰冷感，而塑料咬花和IMG膜内装饰工艺则给人温暖感。

（3）产品材质构成基本要素分析，进行样本归类和材质要素解构。通过高清产品材质样本图片素材拍摄、制作、搜集和筛选，建立样本资料库；按照典型情感意象聚类，确定不同类别典型情感意象材质样本集。分别建立"奢华意象样本看板"、"动感意象样本看板"、"科技意象样本看板"和"简洁意象样本看板"。对典型意象产品材质基本要素进行解构和体感意象调查，提取"材料、色彩、表面处理工艺"三大基本要素，建立产品材质库，明确情感意象与体感评价特征的量值范围。

（4）通过关键特征，建立典型情感意象与材质三大基本元素的关联规则。对各通用关键特征—材质要素分别建立五级SD评价标准量表，建立材质库。明确特定情感意象基元关于体感评价关键特征的量值范围，基本运算、变换和推理规则，明确各材质基元关于体感评价关键特征的量值范围和优先级别。

第5章，利用Unity开发平台，建立用户情感意象与产品材质设计双向可拓推理专家系统，自动生成匹配特定情感意象的材质要素组合最优设计方案，以及推理出材质要素组合最可能引发的感性意象，辅助设计过程。

第 2 章

# 产品材质感性
# 可拓设计基本
# 理论和方法

## 2.1　相关概念

### 2.1.1　感性

　　"感性"一词多见于心理学、美学、社会学、文艺学、设计学和人机学等研究领域。从构词法上讲，是"感觉性质的或感情性质的"，是一个近义词较多的词语。《汉典》的解释是，"感性"是感官知觉，尤指内容或方向倾向美学或感情方面的。《国语辞典》认为是指一种个人风格类型，其特质为以同情的态度、和善的心肠来观察事情，容易表露情感。《现代汉语词典》和《辞海》均指"感性"是"属于感觉、知觉等心理活动"，与"理性"相对[89]。

　　国际通用日语词语カンセィ的音译"Kansei"指代"感性"，尽管在西方语言文化背景下难以全面准确地理解词义和内涵，欧洲学者基本接受日本学者的提法。美国学者更多是从人因工学角度去研究"感性"，普遍使用Affective和Emotion两个提法。目前，情感化设计领域已经出现了诸多描述感性设计的术语，除了Kansei Engineering以外，还有Emotional Design[90-93]，Emotional Engineering[94]，Affective Design[95-97]和Affective Engineering[98, 99]等。

　　20世纪末期，日本学者开展了关于"如何定义感性"的调查，结果显示，日本研究人员普遍认为"感性"是无法用逻辑语言进行描述的主观认知行为，受先天的本能和后天的学习能力及结果的共同影响，是直觉与认知相互作用的结果，是对具有亲和力的环境和各种积极情感的直观反应与评价。中国学者普遍引用长町三生的观点，认为感性是人对物所持有的感觉或意象，是心理上的对物的期待感受[100, 101]。

　　综上所述，"感性"的内涵具有较强的延展性和模糊性，指客观事物能够触发主观感受的程度和能力，尤其是指用户对物和环境产生的注意、印象、记忆、联想、评价和交流等，体现物和环境的特征与人的各项心理和生理指标变化的柔性关联，如材质、色彩、形态、构造和运动姿态等对视觉、触觉和听觉的刺激，具有较大的复杂性、不确定性和随机性。

### 2.1.2 材质要素、质感

材质的感性（简称质感）原指人们通过触觉知觉对材料表面特性所产生的一种心理反应[102]，反映的往往是材料表面粗糙度、洁净度、软硬度、平整度、柔顺度、弹性和热传导性等对人体感官的物理刺激，以及产生的心理影响。相关研究结果表明：视觉感官对视觉、触觉复合感官知觉有支配性，对触觉有替代性[103]。人们凭借以往接触某材质留下的材质印象和经验，仅通过视觉观察，同样可以联想到触摸带来的心理感受，因此，"质感"是由触觉的物理感受和视觉的心理感受相互融合而产生的共同影响，包括色彩、材料、纹理、光泽度和透明性等，才能构成了完整的"质感"概念。

材质感性设计是指在产品设计的过程中，针对用户的情感预期，选择合适的材料，使用合理的改性和表面加工工艺等方案，使材料表面形成一些特性，呈现良好的质感，具有触发目标用户预期情感的能力，这样设计的产品材质我们称之是感性的。材料是产品的载体，处理工艺种类不计其数且成本不一，全面影响产品的最终呈现效果，对产品开发成败的影响巨大。小米手机在材质感性设计方面做了大量研发工作，如MIX2手机的四曲面一体的后盖壳体，使用了陶瓷材料和Unibody一体成型机身工艺，形成了晶莹光洁的视觉质感和圆润顺滑舒适的触觉质感，对消费者产生明显感官刺激，形成了优秀的用户体验，塑造了优雅尊贵的高端产品形象。

由前文可知，在工业设计领域，产品材质通常与色彩、材料和表面处理工艺等三个物理要素紧密相关[104]。CMF设计能够在产品造型难以取得突破的情况下，通过色彩、材料和表面处理工艺的变化与组合，以较低成本实现产品相对多样化的视觉与触觉质感，创造全新的用户体验，有利于加强产品品质的可控性，保证工业设计方案的转化效率，减少创意损耗。随着行业的不断发展，CMF设计逐渐成为设计学的新兴研究领域。采用最适当的材料和处理工艺，确保产品的最佳效果呈现是CMF设计的主要目标[105, 106]。

## 2.2 感性设计的基本理论和方法

国际上影响力较大的感性设计理论和方法主要有日本学术界提出的感性工学、Kano模型理论[107, 108]和美国学者Donald Arthur Norman提出的三层次理论[109, 110]。在工业设计领域，从研究开展范围的广泛性、研究和实践应用成果数量来看，感性工学的影响力更大。

## 2.2.1　感性工学起源和发展

感性工学在英语上表述为Kansei Engineering[111, 112]，是一个专用名词。感性工学主要是指通过测试、分析和统计等量化手段，将人的感性偏好转化为翔实可靠的指标和数据，为产品设计和生产应用提供准确的参考，强调工学思维的主导，定性定量相结合，是属于工学的一个分支。早在20世纪70年代，毕业于心理学专业的广岛大学副教授长町三生敏锐地发现，在物质富裕的时代，消费趋势明显倾向于感性的个性化和多样化消费，对产品设计提出了新的要求，随即在相关领域展开研究且取得了大量研究成果，并提出了"情绪工学"的概念。1986年，山本健一在"情绪工学"的基础上提出了"感性工学"的名称。1988年，日本学术界正式将"情绪工学"定名为"感性工学"[113]。1998年，日本感性工学学会成立，将感性工学研究成果推广应用到实际生产中。马自达株式会社在感性工学理论和方法的指导下，设计出一系列以"动感"而著称的汽车产品，至今该公司的产品仍然保持这种感性特质。随后，感性工学研究逐渐传播到中国台湾地区，以及韩国、欧美等国，成为一门横跨人机学、心理学、管理学和设计学等多个领域、具有国际影响力的学说。在2000年后开始引发中国学者的关注，李砚祖、苏建宁、孙守迁和赵江洪等学者陆续发表了相关论文。

感性工学的研究和实施是复杂的过程。根据长町三生的理论[112]，按照实施手段可以将感性工学归纳为定性推论式感性工学（Category Classification）、感性工学系统（Kansei Engineering System）和协同感性工学系统，其中感性工学系统包括正向推论式、逆向推论式和混合式，协同感性工学系统包括虚拟感性工学系统（Virtual Kansei Engineering System）和感性工学数学模型（Kansei Engineering Modeling）。定性推论式感性工学是最原始、最基本的感性工学类型，利用层次推论方法，对消费者感性意象进行细分，由最表层的感性意象开始向下逐层展开，经过了若干子层级后，形成了树形状的结构，并与产品的基本物理参数建立对应关系，从而形成了产品设计策略。感性工学数学模型是指以用户某方面的特定感性意象的实现为目标导向，分析相关影响因素及其关系并构建数学模型，从而得出感性设计的解决方案。

## 2.2.2　感性工学应用于产品设计的流程

长町三生认为，感性工学是一种人机学意义上的新产品开发技术，是以顾客需要为导向，目的是将人们的情感预期转译成物理性的设计要素，并具体应用于设计开发。可见，感性工学是一种以用户为中心的设计理念，在哲学思想上强调对人性的现实关怀，赞同设计具有科学的属性，认为设计研究有规律可循，可借助工具手段解决设计过程中复杂的情感认知和评价问题。

感性工学应用于产品设计的一般流程可以概括为四个步骤[114]：（1）感性意象认知识别，采取调研、测试、统计和分析等手段获得用户的感性需求，获取感性意象词汇；（2）进行定性分析，采用观察、调查、头脑风暴或实验法确定产品设计的相关要素；（3）定量分析，采用回归分析、模糊逻辑、遗传算法、神经网络和支持向量机等数学工具或计算机辅助技术，将感性意象词汇与产品设计的相关参数进行关联；（4）结果验证与调整，设计多个产品方案，对效果图、模型或样机进行评价，比对感性意象词汇的吻合度，并根据比对结果进行定案或调整设计方案。

## 2.3 情感信息的获取和表达方法

研究感性与设计的关联，必须要对用户主观的、复杂的、内隐的感知信息，以外显化的方式表达出来，首要问题是要获取用户的情感信息。

人们感知外在的信息，主要来自人类最基本的五感：视觉、听觉、味觉、嗅觉和触觉，以及温觉、体觉、平衡感和时间感等其他感觉[115]。如何获取这些感觉信息，并把这些感觉转化为感性量，是感性设计的关键问题。测量感官信息的技术（官能测定）通常有两种，一种是基于认知实验的情感知识获取，称为表出法；一种是用户提供的主观的情感描述，称为印象法。

### 2.3.1 基于认知实验的情感知识获取

基于认知实验的情感知识获取方法，是对人的情感在生理学层面上的"感性量"的测定。利用生理学上已成熟的各种感官感觉测量技术，如心电、脑电、血压、呼吸、排汗和眼动等数据，来分析消费者感知产品时的生理参数变化，以分析确定消费者对产品的关注度[116]。常用的仪器为眼动仪，可通过观测记录眼动频率、注视时长和视线转移轨迹等，测试用户关注的焦点等信息，达到洞察用户心理活动的目的。

### 2.3.2 定性的情感知识获取

在产品设计中的用户感性信息，还可以通过用户主动提供的方法获取，此种方法称为印象法。印象法可与前述实验法互补，先对被测试者施加不同程度的刺激，再采用印象法的形式获得被测试者的主观感受，此视同为感受量[115]。包括观察法、访谈法、问卷调查法、焦点小组、语义差异法、口语分析法和KJ法等[117]，是常用的获取消费者感性需求信息的定性研究方法，本书中情感信息获取方法见表2-1。

本书中情感信息获取方法　　　　　　　　　　表2-1

| 名称 | 起源 | 方法 | 应用 |
| --- | --- | --- | --- |
| 语义差异法（SD法） | 美国，奥斯古德 | 相反的形容词对，建立语义差异量表 | 典型意象体感特征评价等 |
| KJ法 | 日本，川喜田二郎 | 卡片分类，建立产品、感性意象空间 | 感性词汇、体感词汇、样本分类 |

语意差异法是美国心理学家奥斯古德等人发展起来的一种典型的情感偏好测量技术，是目前感性设计领域的基本研究方法，可以获取有限的数量化心理数据。使用语义差异法进行评价，最重要的是建立语义差异量表，一个标准的语义差异量表包含一系列形容词和它们的

（a）奥斯古德的最初量表

（b）Küller发展的量表

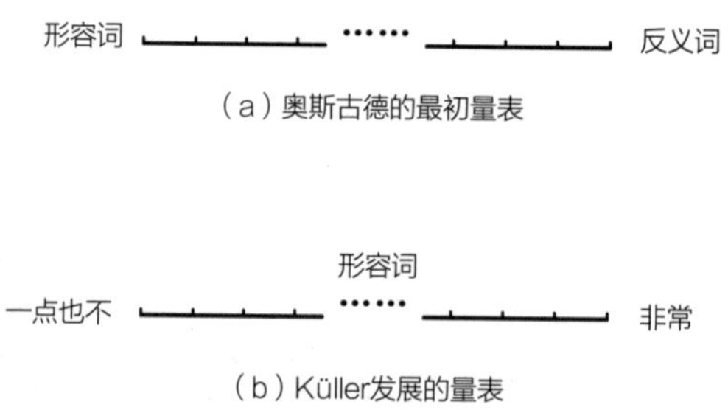

图2-1　语义差异法[47]

反义词，作为量表的两极，其间有奇数数量等级（3、5、7、9或11），常用的是五点或七点评价等级。测试者通过被评价事物的刺激，选择相应等级区间，来反映用户对该事物的情感偏好。图2-1为奥斯古德的最初语义差异量表和经过Küller改良过的语义差异量表。

在进行感性捕捉时，若采用表出法，需要一定的场地和仪器，在特定环境有较大的依赖性。印象法则多采用调查问卷形式，受限制小，应用较为广泛[115]。

## 2.3.3　定量的数理统计分析

### 1. 聚类分析

在古老的分类学中，人们多依靠经验和专业知识定性的分析归类，很少利用数学工具定量分析。随着现代研究越来越复杂，分类要求越来越高，仅凭着主观判断难以精确分类，于是，人们便引用了数学工具，形成数值分类学，后又引入了多元分析技术，形成了聚类分析[116, 117]（Cluster Analysis，简称CA）。

聚类分析是研究样本分类的重要统计分析方法。在数学、统计学、计算机科学、经济学和生物学等学科领域，可以定义、描述、测量不同对象特征（数据源）间的相

似性，通过比较特征值彼此间的距离，距离近的对象（数据源）分类到同一个簇，距离远的对象（数据源）分类到不同的簇（同质群组）[118]。同一个聚类中的对象在某特征上相似，不同聚类中的对象在某特征上是不相似的。一般情况下，簇内距离越小，簇间距离越大，分类的结果越好。

主要算法有：分裂法（如K-Means算法、K-Medoids算法和CLARANS算法等），基于密度的算法（如DBSCAN算法、OPTICS算法和DENCLUE算法），基于网格的算法（如STING算法、CLIQUE算法和WAVE-CLUSTER算法），层次法（如BIRCH算法、CURE算法和Chameleon算法）以及聚类模型等。

其中k-Means 聚类法[116]是一种硬聚类方法，非层次聚类法，其基本聚类思想是首先选取聚类中心（质心），然后计算剩余的样本与每个质心的距离，把其归类到最近的聚类中心，形成初始分类，根据距离最近原则，不断迭代，对分类进行修改，直到结束。质心的计算方法如下（公式2.1）：

$$\vec{\mu}(\omega)=\frac{1}{|\omega|}\sum_{\vec{x}\in\omega}\vec{x} \tag{2.1}$$

每件产品到质心的距离为（公式2.2）：

$$RSS_k=\sum_{\vec{x}\in k}\left|\vec{x}-\vec{\mu}(\omega_k)\right|^2 \tag{2.2}$$

## 2. 回归分析

回归分析是一种利用变量之间的关系，通过适当的数学关系式（回归方程），由一部分变量变动测定其他变量变动情况的预测工具，是处理不完全确定的变量之间的相互关系的统计方法。最简单的一元线性回归方程表示为：y*=a+bx，其中，y是应变量，x是自变量，a是常数，b是回归系数。

## 3. 多元尺度分析

多元尺度分析（Multi-dimensional Scaling, MDS）用于研究事物的相似程度。对复杂数据进行简化、降维，将对象间的相似程度（用户打分）在空间中用点和点之间的距离表示，进行聚类或维度分析，再以二维或三维感性意象尺度图的形式来展现，可以简单直观地表明各个研究对象之间的相对关系[118]。MDS法通常多用于研究品牌、产品造型、色彩以及其他相关特征。

## 4. 模糊理论

模糊理论以模糊集合（fuzzy set）为基础，使用隶属函数表示的语言变量，旨在将概念模糊的、不确定的事物，量化为计算机可处理的信息。

不同于传统的硬划分聚类分析，模糊聚类是软划分的聚类，数学模型描述，设$R_1$

为产品设计样本与感性词汇的矩阵关系；$R_2$为感性词汇与设计元素的矩阵关系；x为产品样本，y为感性词汇，z为产品的设计元素。

$$R_1 = \left[ \mu R_1(x, y) \middle| x \in X, y \in Y \right] \tag{2.3}$$

$$R_2 = \left[ \mu R_2(y, z) \middle| y \in Y, z \in Z \right] \tag{2.4}$$

最终R的含义是基于$R_1$和$R_2$导出的模糊关系"x与z相关"，即样本与设计元素之间的关系或重要性。

$$R = R_1 \cdot R_2 = \left\{ \left[(x, z), \max \min(\mu R_1(x, y), \mu R_2(y, z))\right] \middle| x \in X, y \in Y, z \in Z \right\} \tag{2.5}$$

表2-2所示的层次分析法案例得出的产品各形态要素与"可爱的"感觉的分析结果，"排挡杆的设计细节尺寸物理量：长度95cm，移动距离45cm"，可以看出，设计形态要素的统计数据落点在各形态要素的尺寸上，而用户的感觉评价是对产品的综合印象。设计要素的解构没有统一的标准，不同的设计案例差别较大。此结果没有形成普适性的设计方法和标准，对产品设计实践的指导是有限的。

定性推论法的感性设计分析结果[116]　　　　　　　表2-2

| 项目 | 选项 | 得分 | 偏相关 | 不可爱的 | 可爱的 |
|---|---|---|---|---|---|
| 引擎盖宽度 | 短 | 0.565 | | | ☆☆☆☆☆☆ |
| | 中 | -0.380 | 0.732 | ☆☆☆☆ | |
| | 长 | -0.511 | | ☆☆☆☆☆ | |
| 保险杠-引擎盖高度 | 小 | 0.451 | | | ☆☆☆☆☆ |
| | 中 | -0.308 | 0.711 | ☆☆☆ | |
| | 大 | -0.549 | | ☆☆☆☆☆☆ | |
| 保险杠突出度 | 小 | -0.062 | | | |
| | 中 | -0.272 | 0.662 | ☆☆☆ | |
| | 大 | 0.577 | | | ☆☆☆☆☆☆ |
| 引擎盖前端的曲面 | 小 | -0.247 | | ☆☆☆ | |
| | 中 | 0.363 | 0.495 | | ☆☆☆☆ |
| | 大 | -0.195 | | ☆☆ | |
| 引擎盖设计 | 曲面 | 0.098 | 0.440 | | |
| | 平面 | -0.419 | | ☆☆☆☆ | |
| 车大灯形态比 | 小 | 0.249 | | | ☆☆☆ |
| | 中 | -0.003 | 0.419 | | |
| | 大 | -0.393 | | ☆☆☆☆ | |

## 2.4　可拓学基础理论和方法

### 2.4.1　可拓论

可拓学以研究事物拓展性为主要目标，是一门研究通过形式化手段解决矛盾问题的原创学说，是思维科学、系统科学和数学的交叉边缘学科[119, 120]，其理论基础是可拓论，核心是基元理论、可拓集合理论和可拓逻辑。目标是通过变换，生成解决不相容问题和对立问题的方案策略[120]。

可拓学的一般应用流程为，首先将矛盾问题用一种形式化的方式表示（物元、事元、关系元），再通过3条路径（条件、目的、关系）、5种基本变换（置换、增删、扩缩、分解、复制）和4种基本运算（与、或、积、逆）获得创新方案，最后，通过可拓优度评价，获取最佳方案。已经广泛应用在机械工程、建筑设计、工业设计、信息科学、管理学和市场营销等多个领域，形成了可拓工程，包括结合人工智能和计算机技术的可拓设计、可拓数据挖掘、可拓建筑设计和可拓管理工程等[64, 66, 68]。

### 2.4.2　基元理论

基元理论包括基元的可拓展性理论和物的共轭理论。可拓学提出了可拓展分析理论与方法和共轭分析理论与方法，两者是矛盾问题转化的依据[120]。

基元$B$是可拓学的逻辑细胞，由物元$M$、事元$A$和关系元$R$组成，基元模型的构建是可拓学研究矛盾问题的基础。基元基本表达式为：

$$B = (O,\ C,\ V) = \begin{bmatrix} O, & c_1, & v_1 \\ & c_2, & v_2 \\ & \vdots & \vdots \\ & c_n, & v_n \end{bmatrix} \tag{2.6}$$

其中，$O$表示某对象（物、动作或关系），$c_1, c_2, \cdots, c_n$表示对象的$n$个特征，$v_1, v_2, \cdots, v_n$表示对象关于某个特征的相应量值[121]。

物元$M$是以一个事物$O_m$为对象，特征$c_m$和相应的量值$v_m$所构成的三元组：$M = (O_m, c_m, v_m)$，是描述物的基本元。相似地，事元$A$是以动作为对象，描述动作的基本元；关系元$R$是以关系为对象，描述关系的基本元。

可拓学认为，传统的数学模型主要研究数量关系和空间形式，并没有考虑矛盾问题的实际情境和变通的可能性。蔡文等通过对大量矛盾问题的研究分析，提出了有序三元组（对象、特征、量值），并称为基元，用于形式化描述事物及其相互关系，再以基元为逻辑细胞建立解决矛盾问题的可拓模型去表示矛盾问题的处理过程[120]。

## 2.4.3 可拓学的方法论体系

### 1. 基元的拓展分析方法

事物均具有可拓展、可收敛的特性，在一定的条件下，任何对象都是可拓展的，拓展出来的对象又是可收敛的，这是可拓学方法论的重要特征，符合人类解决矛盾问题的"发散—收敛"的思维模式，可拓学称之为菱形思维方法。菱形思维模式是一种先发散后收敛的思维方式，包括了发散性思维和收敛性思维两个阶段[122]。菱形思维模式符合产品创新设计的"发散—收敛—再收敛—再发散—再收敛"的迭代过程，清楚地描述了设计创新思维的过程[123]，是创造性思维过程的形式化工具。

根据发散分析原理，由一个基元，可以拓展出多个同对象基元，且同对象基元集合一定非空集合，其原理是"一对象多特征"的发散性，可用公式2.7表示。

同样地，一个基元也可以拓展出多个同特征基元、同量值基元，不同对象、特征或量值的基元，即"一物多特征"、"一对象多量值"、"一特征多对象"、"一量值多对象"和"一量值多特征"。

$$B = (O, \ c, \ v)$$
$$\dashv \{(O, \ c_1, \ v),(O, \ c_2, \ v),\cdots,(O, \ c_n, \ v)\} \quad (2.7)$$
$$= \{(O, \ c_i, \ v),i = 1,2,\cdots,n\}$$

### 2. 物的共轭分析方法[120, 124]

可拓论从物质性考虑，物$O_m$有物质部分和非物质部分，即实部$re(O_m)$和虚部$im(O_m)$；从系统性考虑，物$O_m$有组成部分和关系，即硬部$hr(O_m)$和软部$sf(O_m)$；从动态性考虑，物$O_m$有显化的部分和潜在的部分，即显部$ap(O_m)$和潜部$lt(O_m)$；从对立性考虑，物$O_m$有关于某特征的正部$psc(O_m)$和负部[119]$ngc(O_m)$，用模型表示，即：

$$O_m = re(O_m) \oplus im(O_m) = hr(O_m) \oplus sf(O_m) = ap(O_m) \oplus lt(O_m) = psc(O_m) \oplus ngc(O_m)$$

利用物的虚部、软部、潜部和负部，可以用形式化符号表述物的共轭部和共轭性。研究共轭分析方法，利用物的各部和各部的变换结果，生成解决矛盾问题的策略，为使用共轭分析和共轭变换处理各领域的矛盾问题，提供了可靠的理论依据和可操作的方法[119]。

## 3. 可拓变换 [123]

可拓学解决矛盾问题的基本工具是可拓变换，可拓变换通过剖析事物，把一个对象变为另外一个对象或分解为若干个对象，进而使原先矛盾的问题转换为不矛盾的问题。可拓变换可以用事元形式化表达为：

$$O_T \in \{\text{置换，分解，增加，删减，扩大，缩小} \cdots\} \quad (2.8)$$

其中，$O_T$ 表示实施的变换的名称，即：$O_T$ 可以通过对想要实施的对象进行可拓分析或者共轭分析确定，包括直接的变换，如基本变换方法、运算方法、复合变换方法和间接的传导变换方法 [125]。既要研究数量的变换，也要研究特征的变换和对象本身的变换。

## 4. 优度评价法 [120, 123, 126]

优度评价法是可拓学中用来评价一个对象优劣的方法。而要评价一个对象的优劣，首先必须明确衡量的指标，用可拓学模型 $MI = \{MI_1, MI_2, \cdots, MI_n\}$ 表述，其中，$MI$ 代表特征元，$c_i$ 代表评价特征，$v_i$ 代表数量化的量值域 $MI_i = (c_i, v_i)$。优度评价法利用关联函数来计算各个衡量条件符合要求的程度，是综合多种衡量条件对某一对象、方案和策略等的优劣程度进行综合评价的实用方法。

关联函数表征论域中的元素具有某种性质的程度，取值范围在 $(-\infty, +\infty)$，以"评价等级"为研究对象，每项评价指标中的评价标准即为物元的特征，评价值为相应量值。建立经典物元：

$$M_{dj} = \left(O_{dj}, \quad c_i, \quad v_{dji}\right) = \begin{bmatrix} O_{dj}, & c_1, & v_{dj1} \\ & c_2, & v_{dj2} \\ & c_3, & v_{dj3} \\ & \vdots & \vdots \\ & c_n, & v_{djn} \end{bmatrix} = \begin{bmatrix} O_{dj}, & c_1, & (a_{dj1}, \quad b_{dj1}) \\ & c_2, & (a_{dj2}, \quad b_{dj2}) \\ & c_3, & (a_{dj3}, \quad b_{dj3}) \\ & \vdots & \vdots \\ & c_n, & (a_{djn}, \quad b_{djn}) \end{bmatrix} \quad (2.9)$$

其中，$O_{dj}$ 为划分的等级，$c_i$ 为评价特征指标，$(a_{dj1}, b_{dj1})$ 为量值的上限和下限范围。分别建立评价等级（设ABCD等级），$M_{djA}$，$M_{djB}$，$M_{djC}$，$M_{djD}$ 经典物元和节域物元模型 $M_{jy}$，计算点（具体方案的评价值）与区间（经典域和节域）的距离，描述类内事物的差别，从而反映待评价设计方案满足评价指标的匹配程度，用参数 $K(x)$ 来表示，即可拓关联函数。关联函数可以表述为：

$$K(x_{fni}) = \begin{cases} \dfrac{\rho(x_{fni}, v_{dji})}{\rho(x_{fni}, v_{jyi}) - \rho(x_{fni}, v_{dyi}) + a_{dyi} - b_{dyi}}, & x_{fni} \in v_{dji} \\ \dfrac{\rho(x_{fni}, v_{dji})}{\rho(x_{fni}, v_{jyi}) - \rho(x_{fni}, v_{dji})}, & x_{fni} \notin v_{dji} \end{cases} \quad (2.10)$$

其中，$K(x_{fni})$为标准等级与被评价指标之间的关联度值。体现被评价对象指标属于某一个级别的程度，取值范围作为等级评定依据。

## 2.5　本章小结

本章介绍产品材质与感性设计相关概念、基础理论和方法，包括感性和材质要素的定义、感性工学基础理论、情感获取的方法和分析推理的方法。统计学等常见的感性量化研究方法存在的突出问题是不够直观，数据结果难以在设计实践中推广应用。设计形态要素的统计数据落点分散，与用户的感觉评价及对产品的综合印象相悖。设计各要素分析没有统一的标准，不同的设计案例差别较大，此类结果对产品设计实践的指导意义是有限的。结合可拓学、感性工学方法研究材质感性设计，可拓学以形式化表征的方法，建模、拓展、运算和评价，定性定量相结合，便于在设计中应用和推广。

第 3 章

汽车内饰材质感性
设计可拓表征及
推理方法

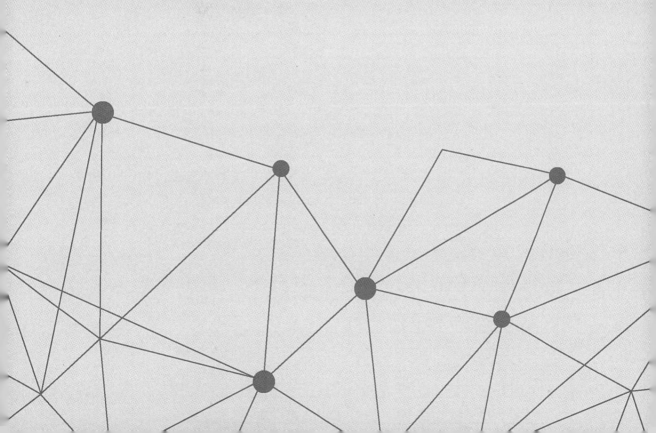

本章基于可拓学方法，对产品材质感性设计进行推理方法的研究。研究用户情感意象（虚部）与产品材质CMF要素（实部）的相关性，引入关键体感评价特征，建立二者之间的关联准则。通过可拓学处理矛盾问题的四步法，对目标情感基元和材质条件基元的建模、拓展分析、变换、运算和评价，得到面向用户情感的最优材质设计方案，以及判断材质组合最有可能引发的用户情感意象。构建材质感性的形式化表达、可拓推理、设计及评价的方法体系。

# 3.1 汽车内饰材质感性设计可拓学分析

## 3.1.1 物的虚实共轭分析

从物质性角度考虑，一件产品包含物质性和非物质性两部分构成，物质性部分是指产品本身的物质特征，包括产品的功能、性能、结构、材料、色彩及产品各组件之间的关系等；非物质性部分是指产品的引申意义，比如产品的社会价值、象征意象、文化内涵和感性信息（情感）。

可拓学将物的物质性部分称之为实部，非物质性部分称为虚部。汽车内饰$O_m$当中的物质实体，如方向盘、座椅、中控台和门内侧板等结构、功能实体，是由造型、功能、色彩、材料和表面处理工艺等基本构成，为实部$re(O_m)$。而用户对汽车的情感偏好、汽车品牌、文化和形象等非物质性部分为虚部$in(O_m)$。

根据物的共轭分析原理，任一对共轭部中，某一共轭部至少有一个特征与其对应的共轭部中的某特征是相关的。本研究中，汽车内饰的虚部特征（用户情感）和实部（材质CMF要素）特征是相关的。

## 3.1.2　情感意象与材质要素基元的相关分析

相关分析是根据物、事、关系的相关性，对基元与基元之间的关系所进行的分析，可以用形式化方法让人们清晰地了解事物之间的相互关系和相互作用机理。

根据相关分析原理，一个基元与其他基元关于某个评价特征的量值之间，同一基元或同族基元关于某些评价特征的量值之间，如果存在一定的依赖关系，则称为相关。

情感基元，包括"动感、科技感、现代感"等汽车内饰情感意象基元，与汽车内饰材质基元，包括色彩、材料、表面处理工艺等要素之间，存在相关关系，记作 $M_{gxyx} \sim M_{cz}$。

$$\{M_{gxyx}\} = \{科技感，现代感，\cdots\} \tag{3.1}$$

$$M_{cz} = (O_{cz}，c_{cz}，v_{cz}) = \begin{bmatrix} O_{cz}，色彩C，\{红色，绿色，\cdots\} \\ 材料M，\{塑料，金属，\cdots\} \\ 工艺F，\{拉丝，喷砂，\cdots\} \end{bmatrix} \tag{3.2}$$

物体本身是没有情感的，所谓情感化的产品，或者产品的感性，是指人对物的情感，它借由物带给人身体的、生理的感受（视觉、触觉、味觉、嗅觉、听觉等），结合以往的经验认知，产生心理上的喜、怒、哀、乐等情绪，对产品形成了感性的意象。

本书引入了体感评价关键特征 $C_{tgpj}$，通过体感评价特征，对感性、材质要素二者之间的相关性进行分析，$M_{gxyx} \sim C_{tgpj} \sim M_{cz}$，建立二者的关联准则是本书的重点研究内容。

$$C_{tgpj} = \{触觉感，味觉感，温度感，听觉感，\cdots\} \tag{3.3}$$

## 3.1.3　基元的发散分析

基元的拓展分析原理，包括发散分析、相关分析、蕴含分析和可扩分析。本书基于菱形思维方法，利用发散分析方法进行拓展。

汽车内饰材质感性设计，要求汽车内饰通过材质要素（CMF）的设计满足用户的情感方面的需求，即设计符合用户特定感性意象的材质要素。

根据可拓学发散树方法（公式2.7），"一物多征"，"一征多值"，"一物多值"和"一特征多物"等拓展分析过程，对汽车材质感性设计基础模型进行拓展分析，开拓创新思路：

以"特征"为例，对于产品基本物元模型中的各项特征，如人因特征 $C_{rytz}$，附加特征 $C_{fjtz}$，可以分别进行发散拓展。如人机交互事元模型中，除了 $O_a$（"操作、驾驶"）这一动作外，还可以拓展出如下具有同一特征元的事元。其施动对象，汽车消费人群包括直接操作设备的司机、普通乘客（大多数）、维修汽车的维修人员、清洁汽车的清洁人员和运输人员等；普通乘客的职业细分为专职司机、企业高管、白领、政府人士、官员、教育、医生、律师、工程师和设计师等各行业人员，可表达为：

$$A = (操作，支配对象，自助服务终端)$$

$$\dashv \left\{ \begin{array}{ll} (乘坐，支配对象，汽车)，(清洁，支配对象，汽车) \\ (维修，支配对象，汽车)，(运输，支配对象，汽车) \end{array} \right\}$$

$$C_{rytz} = \{用户，个性需求，人体数据\} \dashv \left\{ \begin{array}{l} C_{rytz1} = \{普通乘客，司机，维修人员，\cdots\} \\ C_{gxxq2} = \{驾乘体验，显示身份，\cdots\} \\ C_{rtsj3} = \{身高，可视范围，手高度，\cdots\} \end{array} \right.$$

$$C_{fjtz} = \{文化、情感、环境\} \dashv \left\{ \begin{array}{l} C_{wh1} = \{品牌文化，地域文化，行业文化，\cdots\} \\ C_{qg2} = \{心理偏好，体感（触觉、味觉），\cdots\} \\ C_{hj3} = \{照明，通风，温度，湿度，气压，\cdots\} \end{array} \right.$$

通过对特定情感意象，建立基元，对体感特征、量值的发散，可以拓展出更多的材质基元。

$$\{M_{gxyx}\} = \{科技感，现代感，时尚感，灵巧感，简洁感，\cdots\} \qquad (3.4)$$

$$M_{cz} = (O_{cz}, \ c_{cz}, \ v_{cz}) = \begin{bmatrix} O_{cz}, & 色彩C, & HSB，RGB，CMYK，\cdots \\ & 材料M, & 塑料，金属，皮革，\cdots \\ & 工艺F, & 拉丝，磨砂，压花，\cdots \end{bmatrix} \qquad (3.5)$$

$$C_{tgpj} = \{粗糙感，光泽感，温度感，黏腻感，\cdots\}$$

提取适合汽车内饰材质感性设计的体感评价特征，建立统一的材质感性设计的评价标准，这是本书的关键。

## 3.2　基于关键体感特征的材质感性设计可拓学模型

汽车内饰材质感性设计的矛盾问题在于，现有材质设计条件（CMF），无法满足用户的情感需求，属于不相容问题。可拓学针对此类矛盾问题的求解分为建模、拓展、变换与评价四步骤。首先，对现有条件和目标进行描述，建立可拓学基元模型。

### 3.2.1　汽车内饰感性设计可拓学基础模型

以汽车内饰设计为研究对象，其具有的特征包括造型、色彩、材料、工艺等感官要素特征，机构和功能特征，用户需求和人机交互等人因特征，也有使用环境、情感和品牌文化要素等附加特征。根据公式2.3，对于任何一个产品，都可以用多维物元模型描述为：

$$M = (O, c, v) = \begin{bmatrix} 产品, & 机能特征, & v_1 \\ & 感官特征, & v_2 \\ & 人因特征, & v_3 \\ & \vdots & \vdots \\ & 附加特征, & v_n \end{bmatrix} \quad (3.6)$$

汽车设计物元可描述为：

$$M_{汽车} = (O_m, c_m, v_m) = \begin{bmatrix} 汽车O_m, & 功能, & v_1 \\ & 造型, & v_2 \\ & CMF, & v_3 \\ & \vdots & \vdots \\ & 情感, & v_n \end{bmatrix} \quad (3.7)$$

其中，$O_m$为汽车设计研究对象，$c_m$为对象$O_m$的特征，$v_m$为对象$O_m$关于特征$c_m$对应的量值。

人与汽车之间的交互关系，人对汽车的操作需求，可以用事元模型描述为：

$$A = (O_a, c_a, v_a) = \begin{bmatrix} 操作O_a, & 支配对象c_{a1}, & 汽车 \\ & 施动对象c_{a2}, & 司机 \\ & 方式c_{a2}, & 自主 \\ & 时间c_{a3}, & 24小时 \\ & 地点c_{a4}, & 公路 \\ & \vdots & \vdots \\ & 工具c_{an}, & 驾照 \end{bmatrix} \quad (3.8)$$

其中，$O_a$为动作，$c_a$为动作的特征，$v_a$为动作$O_a$关于特征$c_a$对应的量值。

消费者的基本情况，用物元模型描述为：

$$M_p = (O_p, c_p, v_p) = \begin{bmatrix} 消费者O_p, & 身份, & 司机, 乘客, \cdots \\ & 年龄, & <20岁, 60岁> \\ & 人体坐姿高度, & <60cm, 100cm> \\ & 平均视线高度, & 85cm \\ & 水平可视范围, & 120° \\ & 垂直可视角度, & 60° \\ & \vdots & \vdots \end{bmatrix} \quad (3.9)$$

### 3.2.2 材质要素、情感意象、关键体感评价可拓学模型

建立汽车内饰材质感性设计可拓模型，量化用户感性意象和汽车内饰材质要素之间的关联，实现典型情感意象与材质要素关键特征相匹配。建立基于可拓学方法的用户情感意象与品质要素的关系模型。

产品材质要素（CMF）的可拓学模型：

$$M_{cz} = \left( O_{cz}, \ c_{cz}, \ v_{cz} \right) = \begin{bmatrix} O_{cz}, & 色彩\,C, & 色相, & 明度, & 纯度, & \cdots \\ & 材料\,M, & 塑料, & 金属, & 皮革, & \cdots \\ & 工艺\,F, & 拉丝, & 喷砂, & IMG, & \cdots \end{bmatrix} \quad (3.10)$$

特征色彩C、材料M和工艺F的量值域分别是：

$$V(c_{色彩}) = \begin{Bmatrix} H \\ S \\ B \end{Bmatrix} = \begin{Bmatrix} <0,360°> \\ <0,100\%> \\ <0,100\%> \end{Bmatrix} \quad (3.11)$$

$$V(c_{材料}) = \{金属, \ 塑料, \ 皮革, \ 木材, \ \cdots\} \quad (3.12)$$

$$V(c_{工艺}) = \{拉丝, \ 磨砂, \ 烤漆, \ 压花, \ IMG, \ \cdots\} \quad (3.13)$$

产品感性意象集的可拓学模型：

$$\{M_{gxyx}\} = \{\,心理感、视觉、触觉、听觉、味觉、嗅觉等感性意象\,\}$$
$$= \{科技感, \ 简洁感, \ 动感, \ 商务感, \ 时尚感, \ 奢华感, \ 灵巧感, \ \cdots\} \quad (3.14)$$

用户情感–材质的体感关键评价特征元，可拓学模型描述如下：

$$(C_{tgpj}, \ v_i) = \begin{bmatrix} 温度感, & 冷的, & 暖的, & \cdots \\ 粗糙感, & 粗的, & 细的, & \cdots \\ \vdots & & \vdots & \end{bmatrix} \quad (3.15)$$

## 3.3　材质与感性基元的拓展与变换

### 3.3.1　汽车用户典型情感意象—材质拓展分析

材质感性设计研究中，用户情感意象是材质设计需要体现的核心。即需从情感附加特征方向，进一步拓展，产生材质设计方案。

情感需求的获取，汽车产品的用户情感意象，体感的词汇搜集、拓展和收敛等问题，在前文已经论述，在此不再重复。采用菱形思维方法，先思维发散、收敛，再发散再收敛，反复进行，最终典型情感意象聚焦在：奢华、简洁、商务和动感四类情感意象。体感评价特征聚焦在粗糙度/光泽度、温度、体量和硬度四个方面。

根据前文的分析、归纳和收敛，用户情感特征和质感要素特征$C_{czys}$可以分别拓展为：

$$C_{qgtz} = \{感性风格意象, \ 体感评价特征\} \dashv \begin{cases} C_{gxyx} = \{动感的, \ 时尚的, \ \cdots\} \\ C_{tgpj} = \{粗糙感, \ 温度感, \ \cdots\} \end{cases}$$

$$C_{czys} = \{材料，色彩，表面处理工艺\} \dashv \begin{cases} C_{材料i21} = \{金属，木材，塑料，\cdots\} \\ C_{色彩i22} = \{色相，明度，纯度，\cdots\} \\ C_{工艺i23} = \{拉丝，喷涂，转印，\cdots\} \end{cases}$$

$$M_E = (\{情感意象\}, c_{tgE}, v_{tgE}) = \begin{bmatrix} \{情感意象\}, & 温度感, & v_{E1} \\ & 粗糙感, & v_{E2} \\ & 光泽感, & v_{E3} \\ & \vdots & \vdots \end{bmatrix} \quad (3.16)$$

$$v_{E1} \tilde{\sim} \begin{cases} C_{E1} = \begin{bmatrix} \{色彩C\}, & H, & <0,360^o> \\ & S, & <0,100\%> \\ & B, & <0,100\%> \end{bmatrix} \\ M_{E1} = \begin{bmatrix} \{材料M\}, & 金属, & v_{E11} \\ & 塑料, & v_{E12} \\ & \vdots & \vdots \\ & 皮革, & v_{E1n} \end{bmatrix} \\ F_{E1} = \begin{bmatrix} \{表面处理工艺F\}, & 拉丝, & v_{E11} \\ & 喷砂, & v_{E12} \\ & 压花, & v_{E13} \\ & 电镀, & v_{E14} \\ & \vdots & \vdots \\ & IMG, & v_{E1n} \end{bmatrix} \end{cases} \quad (3.17)$$

根据共轭分析，用户情感意象与材质要素之间存在相关性，通过体感评价特征（中介）建立二者之间的关联。典型情感意象材质，可表述为公式3.16及3.17所示的特定情感意象关于体感评价特征的可拓学模型。

### 3.3.2 基于汽车用户典型情感意象的产品材质变换

通过变换（表3-1）用户感性意象对象的特征和量值，生成材质创意集合。

$$O_T = \{置换，分解，增加，删减，扩大，缩小，\cdots\}$$

基本变换表　　　　　表3-1

| 变换名称 | 扩缩算子 | | 增删算子 | | 复制算子 | 置换算子 | 交叉算子 | 变异算子 |
|---|---|---|---|---|---|---|---|---|
| | 扩 | 缩 | 增 | 删 | | | | |
| 符号表示 | ± | ∓ | ⊕ | ⊙ | × | ÷ | ⊗ | * |
| 优先级 | Ⅰ | | Ⅱ | | Ⅰ | Ⅱ | Ⅲ | Ⅳ |
| 变换难度 | 易 | | 中 | | 易 | 较易 | 较易 | 较难 |

根据菱形思维原理，把一个对象、特征或量值变换为另一个或者分解为若干个对象、特征以及量值，以生成更多可行性方案，如：

$$T_1 M_{E1} = [O_{Em1}, \quad c_{tgE1}, \quad v_{tgE1}] = [O_{Em1}, \quad 温度感, \quad 较冷 \oplus 极冷] \Rightarrow M'_{E1}$$

$$T_2 M_{E2} = [O_{Em2}, \quad c_{tgE2}, \quad v_{tgE2}] = [O_{Em2}, \quad 粗糙感, \quad 较粗糙 \oplus 极光滑] \Rightarrow M'_{E2}$$

$$T_n M_{En} = [O_{Emn}, \quad 粗糙感 \otimes 温度感 \otimes 其他体感, \quad v_{tgE1} \otimes v_{tgE2} \otimes v_{tgEn}] \Rightarrow M'_{En}$$

任一体感评价特征，包括温度感和粗糙感，都与材质要素相关，建立材质要素的体感评价标准，将体感特征与材质要素建立关联，最终建立情感特征与材质要素的关联。

四个体感评价量值范围是：

$$V_E = \begin{bmatrix} <极粗糙，较粗糙，中等粗糙，较光滑，极光滑> \\ <极暖，温暖，中等温度，较冷，极冷> \\ <极硬，较硬，中等硬度，较软，极软> \\ <极重，较重，中等体量，较轻，极轻> \end{bmatrix} \quad (3.18)$$

"体感—材质"模型：

$$M_{极暖材质} = \begin{bmatrix} 极暖 O_{m1}, & 色彩 C_{m1}, & 极暖色 v_{m1} \\ & 材料 M_{m3}, & 极暖材料 v_{m2} \\ & 表面处理工艺 F_{m3}, & 极暖工艺 v_{m3} \end{bmatrix} \quad (3.19)$$

$$M_{极粗糙材质} = \begin{bmatrix} 极粗糙 O_{m1}, & 色彩 C_{m1}, & 极粗糙色 v_{m1} \\ & 材料 M_{m3}, & 极粗糙材料 v_{m2} \\ & 表面处理工艺 F_{m3}, & 极粗糙工艺 v_{m3} \end{bmatrix} \quad (3.20)$$

# 3.4  材质感性可拓优度评价方法

## 3.4.1  材质感性设计评价指标体系建立

优度评价法是可拓学中用来评价一个对象优劣的方法。而要评价一个对象的优劣，首先必须明确衡量的指标，用可拓学模型 $MI = \{MI_1, MI_2, \cdots, MI_n\}$ 表述，其中，$MI_i = (c_i, v_i)$ 代表特征元，$c_i$ 代表评价特征，$v_i$ 代表数量化的量值域。

参照优良设计评价标准，以及《工业设计手册》中关于设计评价的目标，建立基于材质情感表达目标的评价体系，制定出符合"创新性、感性、生产性、经济性、环保性等"要求的五个评价标准，建立一级评价指标：

$$MI = \{MI_1, MI_2, MI_3, MI_4, MI_5\} = \{生产性，经济型，环保型，创新性，感性\}$$

由一级评价指标延展出概念独特性、流行趋势、情感表征和经验认知等10个二级评价指标：

$$MI = \left\{ MI_{11}, MI_{12}, MI_{21}, MI_{22}, \cdots \right\} = \left\{ 概念独特性，流行趋势，\cdots \right\}$$

研究涉及的材料和表面处理工艺，其经济性（价格成本）、环保性（污染程度）和生产性（加工复杂度）等方面的评价，可以查询相关技术标准，创新性及用户情感方面的评价需由专家评审得出，综合建立基于用户情感的材质评价标准。

## 3.4.2 确定关联函数

可拓学用关联函数表征论域中的元素具有某种性质的程度，取值范围在 $(-\infty, +\infty)$，计算点（具体方案的评价值）与区间（经典域和节域）的距离描述类内事物的差别，从而反映待评价产品设计方案满足评价指标的匹配程度，用参数 $K(x)$ 来表示，即可拓关联函数。

### 1. 建立基于可拓学的评价等级模型

以五个"评价等级"（A、B、C、D、E）为研究对象，评价指标为物元的特征，评价值即为相应量值。明确各个指标为优的衡量区间，以创新性为例，等级为优（A）的指标经典物元模型为：

$$M_{djA} = (O_{djA}, c_i, v_{dji}) = \begin{bmatrix} 等级A, & c_1, & 强v_1 \\ & c_2, & 优v_2 \\ & c_3, & 优v_3 \\ & \vdots & \vdots \\ & c_{17}, & 好v_7 \end{bmatrix} = \begin{bmatrix} 等级A, & c_1, & (90,100) \\ & c_2, & (90,100) \\ & c_3, & (90,100) \\ & \vdots & \vdots \\ & c_{17}, & (90,100) \end{bmatrix} \quad (3.21)$$

每个评价指标为优的衡量区间不同，用 $X_{dji} = (a_{dji}, b_{dji})$ 表示，各自设定。

### 2. 建立材质感性评价关联函数为：

$$K_i(x_{fni}) = -\frac{(x_{fni}, X_{dji})}{|X_{dji}|} = -\frac{\left| x_{fni} - \dfrac{a_{dji} + b_{dji}}{2} \right| - \dfrac{1}{2}(b_{dji} - a_{dji})}{|b_{dji} - a_{dji}|} \quad (i = 1, 2, \cdots, m) \quad (3.22)$$

$K(x_{fni})$ 为标准等级与被评价指标之间的关联度值，体现被评价对象指标属于某一个级别的程度，当关联度大于等于1时，表示被评价对象超过标准对象的上限。关联度取值大于0，小于1时，表示被评价对象符合标准对象的程度，数值越大，越接近标准上限。关联度小于0，大于−1时，表示被评价对象不符合标准对象要求，但具备转化条件。

各个评价指标对评价对象的影响程度是不同的，每个特征的重要程度也不同，为了使评价更具有科学性，用层次分析法对各个特征应分别赋予不同的权重系数。本书中，感性是必须要满足的指标，对于非满足不可的评价标准，用指数 $\wedge$ 来表示，对于其他评价指标，则根据重要程度赋予[0,1]之间的数值，评价指标权系数记为：

$$\alpha = \{\alpha_1,\ \alpha_2, \cdots,\ \alpha_n\}\left(0 \le \alpha_i \le 1,\ 且 \sum_{i=1}^{n}\alpha_i = 1\right) \tag{3.23}$$

根据项目需求确定产品材质感性设计评价指标及权重，方案根据公式，计算相应的综合关联度值。

依据公式，分别计算每个方案的关联度和优度值。

$$C(M_{fn}) = \beta K(M_{fn}) = \sum_{i=1}^{n}\beta_i K(x_{fni}) \tag{3.24}$$

其中，$K_i(M_{fn})$为$K_i(x_{fni})$的加权关联度值，$\beta$为综合权系数。将待评价物元与加权关联度进行比较，数值越大，越接近标准等级。根据具体评价要求确定优度类型选择相应的公式计算。

## 3.5　本章小结

本章应用可拓学解决问题的基本流程和方法，参数化基元建模、分析、拓展、变换、运算和优度评价，实现用户情感意象与材质设计的双向推理。

建立了典型情感意象基元模型、材质要素基元模型、多特征体感评价模型。

根据情感基元（虚部）与材质基元（实部）对于体感评价特征的相关性，明确典型情感意象的关键体感特征值，建立特定情感意象与材质基本元素的关联，根据"一物多征"、"一征多值"拓展分析，实现"意象—材质"正向可拓推理。明确产品各材质基本元素（CMF）的体感特征，根据"一征多物"、"一值多征"拓展分析，实现"材质—意象"逆向可拓推理。

最终，通过对拓展基元的运算和多级优度评价，以及通过建立材质感性设计评价指标体系，确定权系数，计算关联度函数和优度，对设计对象的演变过程和结果实现量化分析。

第 4 章

# 汽车内饰材质感性设计知识获取及表征

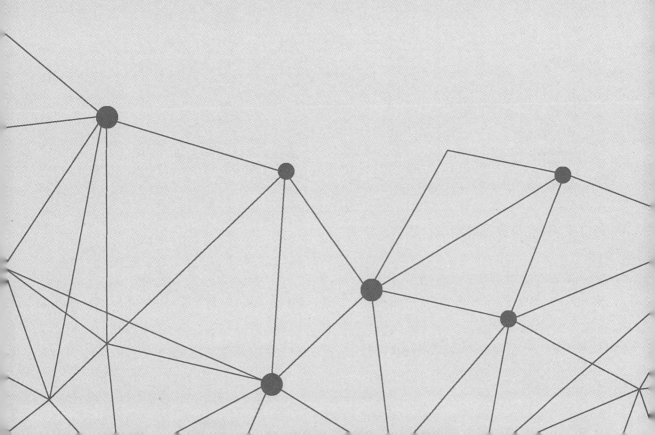

汽车内饰是汽车车身的重要组成部分，涉及汽车内部方方面面，包括门内饰板、方向盘、座椅、主副仪表台、中控台、顶棚、遮阳板、储物盒、影音系统和空调系统等附属部分。其设计工作量占到整车造型设计工作量的60％以上，远超过汽车外观。国内外汽车企业在CMF的投入研发和感性工学的研究均处于领先地位，是电子产品和日用产品领域模仿的对象。

本章以汽车内饰设计（Automotive Interior）为例，进行材质感性设计领域知识的获取与分析。采用感性工学常用的情感知识获取和分类方法，如问卷调查、口语分析法、SD语意差异法、KJ法、聚类分析和因子分析等，进行用户情感意象词汇、体感词汇、产品样本的搜集、筛选和典型用户情感意象归类分析。建立了汽车用户情感语义词汇空间集、汽车内饰典型情感样本分类资料库、典型情感意象材质样本看板和汽车内饰材质库。明确了特定情感意象基元关于体感评价关键特征的量值范围、基本运算和变换及评价方法。通过语义评价、数据分析和多重比较，明确了各材质基元关于体感评价关键特征的量值范围。绘制材质要素体感意象尺度图，建立了材质CMF三大设计要素关于体感评价关键特征的统一标准，建立汽车内饰典型情感意象与材质各要素之间的推理规则。

## 4.1　用户情感维度、体感评价提取、汽车内饰材质样本聚类

### 4.1.1　建立汽车领域用户初始情感维度

为了研究汽车用户的情感意象偏好，本章节收集了大量的情感意象词汇，经过筛选和分类，最终建立汽车用户初始的情感维度，即情感意象词汇对。

人的情感是复杂的且不断发展变化着，目前，人们对情感分类的研究，仍在不断地进步和发展中，还未形成一种统一的划分方式，有四类、六类、七类、八类、十类乃至二十几类不等的情感类别。

### 1. 情感意象词汇搜集与筛选

本书的情感词汇分类研究，根据中国传统的"七情"与Ekman的理论，查询语义分类词典《同义词词林》中现代汉语常用的情感词汇。参照了大连理工大学信息检索研究室整理和标注的《中文情感词汇本体库》，该分类综合了消费心理学、市场营销等相关知识，在已有的心理学界对人类情感分类体系基础上，将情感词汇分为7大类21小类（喜、怒、哀、乐、好、恶、惊、惧）。在搜集过程中，剔除贬义和负面等用户不期望的情绪词汇，初步搜集情感形容词280个（安详、昂扬、傲然、斑斓、宝贵、别致、不凡、灿烂、昌盛、超群、纯洁、纯真、淳朴等）。

结合汽车设计领域，经过网络平台、商品广告宣传、用户评价、产品目录和报刊杂志等信息源，搜集描述汽车设计风格的情感词汇（80个），包括"豪华、大气、奢华、平稳、宽敞、低调、粗犷、家居、激情、活力、舒服、沉稳、大方、简约、实用、优雅、柔美、高端、静谧、老气、精致、活泼、商务、硬朗、鲜艳、平淡、感性、理性、温暖、优质、柔软、坚硬、光滑、整齐、简约、古典、前卫、浮夸、动感、凉爽、浪漫、拘谨、轻巧、笨重、时尚、柔和、亲切、冷漠、炫酷、轻松、经典、运动、科技、张扬、有范、舒适、协调、俊俏、冷酷、年轻、简洁、局促、秀气、稳重、干净、气派、价廉、霸气、安静、拥挤、个性、温和、亲民、简单、束缚、压抑、阳刚、靓丽、古典、尊贵"。

剔除其中明显不合适的、语义相同、重复的词汇，合并相近的意象词汇，得到30个用户偏好的情感意象词汇，包括"动感的、硬朗的、科技的、轻巧的、简洁的、奢华的、舒适的、现代的、大众的、时尚的、张扬的"等汽车领域情感形容词汇。

### 2. 建立汽车用户初始情感维度

通过专家小组的讨论，对词汇进一步地筛选，并选择其相对（反）的词汇配对（避免使用贬义或负面情绪词汇），作为汽车内饰用户初始情感维度（15组），包括"现代的—古典的、动感的—平稳的、时尚的—经典的、商务的—家用的、硬朗的—柔和的、大众的—个性的、科技的—传统的、奢华的—朴实的、张扬的—内敛的、简洁的—复杂的、精致的—粗犷的、安全的—随意的、新奇的—平凡的、流线的—棱角的、理性的—感性的"。

## 4.1.2 基于SD语义差异法的汽车用户典型情感意象获取

邀请30位评分者，应用SD（Semantic Difference）语义差异法筛选汽车用户偏好的典型情感意象词汇，按照五级差异量表打分（请用户对汽车的情感期望程度打分，最高5分)。求取平均分值,均值最大,说明其重要性越大,得到平均分值(表4-1)。

按照平均值得分从高到低筛选,大众最期望的汽车情感风格偏好包括"商务的"、"动感的"、"奢华的"、"简洁的"和"科技的"等,结合专家意见,本研究筛选了排名前4个平均值在4.0以上的感性词汇,经过词汇配对,建立汽车用户偏好的典型情感维度,意象词汇对包括"奢华的—朴实的、动感的—稳定的、简洁的—复杂的、商务的—休闲的"四组,作为本书其后章节情感意象词汇的基准,如汽车内饰材质样本的(情感)聚类的依据。

汽车用户情感意象词汇评价结果 表4-1

| 对于汽车类产品,您期望情感意象程度如何? | | | |
|---|---|---|---|
| 感性词汇 | 平均值 | 感性词汇 | 平均值 |
| 舒适的 | 3.27 | 时尚的 | 3.23 |
| 现代的 | 3.47 | 动感的 | 4.33 |
| 科技的 | 3.70 | 硬朗的 | 2.70 |
| 大众的 | 2.73 | 商务的 | 4.40 |
| 奢华的 | 4.07 | 简洁的 | 4.03 |
| 传统的 | 2.53 | 柔和的 | 2.87 |
| 经典的 | 2.87 | 古朴的 | 2.50 |
| 个性的 | 2.97 | 稳定的 | 3.40 |
| 流线的 | 3.67 | 浪漫的 | 3.23 |
| 休闲的 | 3.10 | 精致的 | 3.03 |
| 活泼的 | 3.07 | 热情的 | 2.93 |
| 新奇的 | 2.40 | 安全的 | 3.50 |
| 理性的 | 2.97 | 狂野的 | 2.07 |
| 灵巧的 | 2.33 | 平衡的 | 3.53 |
| 阳刚的 | 2.63 | 炫酷的 | 2.97 |

## 4.1.3 典型情感意象产品材质样本分类

### 1. 搜集具有代表性的汽车内饰材质样本

通过专业网站搜索、实地拍摄等方式收集产品样本原始图片、文字信息。共搜集了国内外14个品牌,50款汽车,共计662张高精度汽车内饰样本图片。经过小组评议,初步剔除相似、重复的样本。

## 2. 汽车内饰材质样本归类

将初步筛选的样本编号（图4-1），结合KJ法、SD语义差异法感性意向度调查（表4-2），归类汽车内饰样本，把收集到的资料制作成卡片，在每个样品卡片的背面，写明该汽车样品品牌、大众形象、造型、材料和颜色等特性的简短描述。设计师组成的专家小组（10人）讨论对这些样品的情感意象，按照典型情感意象词汇描述，分类存放并进行SD评价，直到所有的样品被分成合适的聚类群组（不能归类的样品放在"其他"类别）。

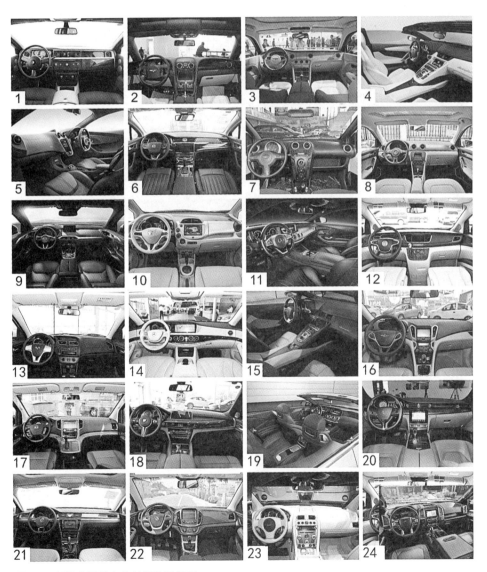

图4-1 部分产品样本卡片制作及编号

统计每个样本情感意向度调查结果，以样本1为例，人数统计结果见表4-3，平均分值（部分）结果见表4-4。

样本所得评价分数，平均分越接近两极（1或5），意味着越接近两极的情感意象。按照平均分最小值归类到"动感时尚（D）、优雅奢华（Y）、商务科技（S）、简洁实用（J）"四个用户最期望得到满足的汽车产品情感意象。

汽车内饰材质样本风格意象归类——测试样例　　　　　表4-2

**针对样本，您的评价是（每行勾选一个评价等级）：**

| | 1非常 | 2较 | 3中等 | 4较 | 5非常 | |
|---|---|---|---|---|---|---|
| 奢华的 | | | | | | 朴素的 |
| 动感的 | | | | | | 平稳的 |
| 商务的 | | | | | | 休闲的 |
| 简洁的 | | | | | | 复杂的 |

汽车内饰样本1测量结果统计　　　　　表4-3

| | 1非常 | 2较 | 3中等 | 4较 | 5非常 | |
|---|---|---|---|---|---|---|
| 奢华的 | 8人 | 2人 | | | | 朴素的 |
| 动感的 | 5人 | 2人 | | 2人 | 1人 | 平稳的 |
| 商务的 | 4人 | 4人 | | 1人 | 1人 | 休闲的 |
| 简洁的 | 1人 | 1人 | 2人 | 5人 | 1人 | 复杂的 |

对于表4-4样本1至样本9案例，意象测试结果分析，样本1、2、3的"奢华感"得分最低，因此奢华感为其最接近的情感意象。样本4、5的"动感"得分最低，为其最接近的情感意象，同理可对其他样本分类。样本7得分均超过3分，并不属于四类用户

期望的情感意象范围，归类到其他，是需要剔除的样本。

汽车内饰样本意象测量均值　　　　　表4-4

| | 样本1 | 样本2 | 样本3 | 样本4 | 样本5 | 样本6 | 样本7 | 样本8 | 样本9 |
|---|---|---|---|---|---|---|---|---|---|
| 奢华感（Y） | **1.2** | **2.4** | **1.8** | 2.5 | 1.7 | 2.8 | **3.4** | 4.5 | 3.3 |
| 动感（D） | 2.2 | 3.8 | 2.6 | **1.8** | **1.5** | 4.0 | **3.9** | 4.2 | 3.7 |
| 商务感（S） | 2.1 | 3.7 | 3.1 | 3.2 | 3.2 | **1.7** | **3.2** | 2.8 | **2.4** |
| 简洁感（J） | 3.4 | 3.4 | 3.8 | 1.8 | 4.6 | 2.2 | **3.5** | **2.4** | 2.8 |
| **分类结果** | Y | Y | Y | D | D | S | 其他 | J | S |

　　产品样本聚类，经小组评议，最终确定四组用户偏好的典型情感意象对应的样本车型，建立"优雅奢华、动感时尚、商务硬朗、简洁实用"四个意象样本看板。

　　（1）动感时尚类汽车内饰样本分类结果（图4-2）

图4-2　动感时尚类意象汽车内饰图片看板

结果显示，动感时尚类意象的车型以跑车为主，有比较强烈的运动感，符合对情感意象的预期。代表车型包括兰博基尼Aventador LP700-4 Roadster 2014、兰博基尼 Huracan LP580-2 2017、兰博基尼 Huracan LP610-4 2015、兰博基尼 LP750-4 SV Roadster 2016、奥迪R8 2016款、巴博斯S级2015款850Biturbo Coupe、宝马X5 M 2015款、保时捷911 2016款Carrera S Cabriolet、奔驰A级2015款A180、奔驰A级2016款 A200动感型、奔驰S级SL63 AMG（2017）、奔驰GLC2016款、宾利欧陆2015款GT3-R、布加迪威航2015款 Grand Sport Vitesse La Finale、迈凯伦570GT 2016款、迈凯伦570s 2015款和日产GTR 2017款。

（2）优雅奢华类汽车内饰样本分类结果（图4-3）

图4-3　优雅奢华类意象汽车内饰图片看板

优雅奢华类的车型以豪华车为主，车内空间极为宽敞，用料考究，工艺精湛。代表车型包括宾利慕尚2014款6.8T四季臻藏版、宾利慕尚2016款6.8T EWB、巴博斯S级2015款Rocket 90、奥迪A8L 45 TFSI quattro豪华型、宝马2016款740Li尊享型、宝马2017款740 Le x Drive I Performance E-Silvretta、宝马 2017款750Ld x Drive、

奔驰S320 2016、奔驰S500 el 2016、宾利飞驰 2013款 6.0T W12尊贵版、阿斯顿马丁
Lagonda、大众辉腾2015款3.6L尊享版、红旗L5 2014 帜尊版、克莱斯勒300C 2017
款S基本型、劳斯莱斯幻影2016款6.7L都市典藏版、劳斯莱特古斯特2016款永恒之爱
典藏版、劳斯莱特古斯特2015款Series II、玛莎拉蒂总裁2017、迈巴赫S400 2016、
讴歌RLX 2015款3.5L Hybrid SH-AWD版和沃尔沃S90 2016款。

（3）商务类汽车内饰样本分类结果（图4-4）

图4-4　商务类意象汽车内饰图片看板

商务类车型从分类结果看，以中型车、MPV为主，少部分中大型车，拥有良
好的舒适性、较强的实用性和灵活的空间。代表车型包括奔驰C级 2016款C 200 L
4MATIC、本田艾力绅2016款、本田奥德赛2015款、本田雅阁2016、别克GL8 2015、
大众途安 2016款、东风A9 2016、风行CM7 2016款、福特F-150 2016款 Limited、
吉利博瑞、上汽大通V80 2016款、上汽通用G10 2016款、雪铁龙C6 2016和长安商用
睿行2014款。

（4）简洁实用类汽车内饰样本分类结果（图4-5）

图4-5　简洁实用类意象汽车内饰图片看板

简洁实用类的车型，从结果上看，以微型车、小型车、紧凑型车为主，体量较小，价格较低。代表车型包括北汽幻速S2、本田艾力绅2015款、本田飞度2013款、比亚迪F0 2013款、比亚迪F0 2015款、比亚迪E6 2014款、比亚迪E6 2016款、大众捷达2015质惠版手动时尚型、大众捷达2016款1.6L 25周年纪念版、铃木羚羊2011款、马自达3 2012款、马自达CX-9 2013款、马自达3骋2015款、奇瑞QQ 2013款、奇瑞艾瑞克7 2015款和一汽夏利N5 2014款。

## 4.1.4　关键体感评价特征提取

依据可拓学相关分析（详见本书3.1.2章节），研究材质（实部）与感性意象（虚部）之间的相关性，引入"体感评价"特征，综合考量视觉、触觉和听觉等多维感官通道，来研究用户对材质的复杂的感性认知，客观地建立二者的关联。

面向汽车内饰的整体形象，对用户进行多感官（视觉、触觉、味觉和嗅觉等）的体感评价，请用户描述期望汽车的整体风格感觉（科技感、奢华感、实用感等），对于体验过的此类汽车产品，您的物理体感（触摸、味道、视觉和听觉等五感）评价如何？最期望得到的汽车内饰体感评价如何？用户进行开放式的信息描述，从用户的反馈内容，分析提取和筛选其中的体感词汇。

用户物理体感意象词汇评价结果　　　　　　　　　　表4-5

| 体感词汇 | 平均值 | 体感词汇 | 平均值 |
| --- | --- | --- | --- |
| 粗糙的 | 3.83 | 清凉的 | 3.53 |
| 细腻的 | 4.43 | 沉闷的 | 2.47 |
| 光滑的 | 4.07 | 清脆的 | 3.23 |
| 柔软的 | 3.97 | 悦耳的 | 3.00 |
| 干脆的 | 3.37 | 浑厚的 | 3.37 |
| 温和的 | 3.50 | 吸引的 | 3.50 |
| 平整的 | 2.90 | 尖锐的 | 1.73 |
| 沉重的 | 2.67 | 炙热的 | 2.00 |
| 轻量的 | 4.27 | 刺鼻的 | 1.43 |
| 温暖的 | 4.40 | 芳香的 | 2.53 |
| 绵密的 | 3.10 | 甜蜜的 | 2.50 |
| 坚硬的 | 2.80 | 油腻的 | 1.47 |
| 闪亮的 | 3.60 | 清脆的 | 2.03 |
| 深陷的 | 2.67 | 酸甜的 | 1.80 |
| 坚韧的 | 2.80 | 辛辣的 | 1.47 |

采用本书4.1.1章节用户初始情感维度的建立方法，4.1.2章节所述的SD情感意向度调查实验方法，获取用户对汽车类产品物理体感评价的关键特征。最终建立以触觉、视觉为主，味觉、听觉和嗅觉等为辅的物理体感评价词汇集（30个），采用SD法对30名用户进行体感调研（最高5分），得到体感评价平均值，见表4-5所示。

抽取平均值在3.50以上的体感词汇，"粗糙的、细腻的、光滑的、柔软的、清凉的、温和的、轻量的、温暖的、吸引的、闪亮的"，经过专家讨论，结合产品材料、工艺物理特性和表达方式，进行归纳和筛选，并与相反词配对，建立产品材质的关键体感评价维度，整合概括为"粗糙感/光泽感（粗糙的—光滑的）"、"温度感（温暖的—寒冷的）"、"体量感（厚重的—轻巧的）"和"硬度感（柔软的—坚硬的）"等几个材质关键体感物理评价特性。

## 4.2 汽车内饰材质基本要素解构分析

　　面向用户情感意象的材质设计，涉及产品各组成部分的材料、工艺、色彩、灯光、触感和纹理等物理要素设计，使其体现出的情感化特质符合用户对产品的心理认知。本书以影响产品材质情感表现的材料、表面处理工艺和色彩三要素为主成分因子，结合现有的色彩体系和CNCSCOLOR 9色域模型，借助在线提取和分析工具以及网络查询等方式，对样本材质三要素因子数据解构、提取和归类分析，如图4-6、图4-7所示。

　　通过搜集提取大量关于材料和表面处理工艺相关的资料，打印制作纸质样本，为对比实验和分类分析作准备，如图4-8所示。

　　本书采用形态分析法，分别解构"优雅奢华"、"动感时尚"、"商务硬朗"和"简洁实用"等四类典型情感意象的基本材质要素，对产品样本进行材料、表面处理工艺和色彩三要素进行解构，分析典型意象产品的各要素，如图4-9所示。

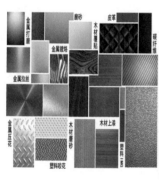 

图4-6　材质要素解构实验

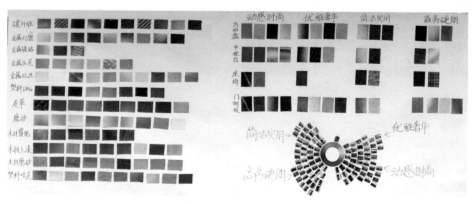

图4-7　材质要素分类看板

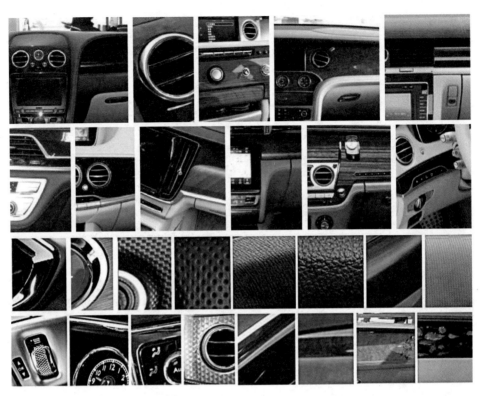

图4-8 材料、表面处理工艺要素提取

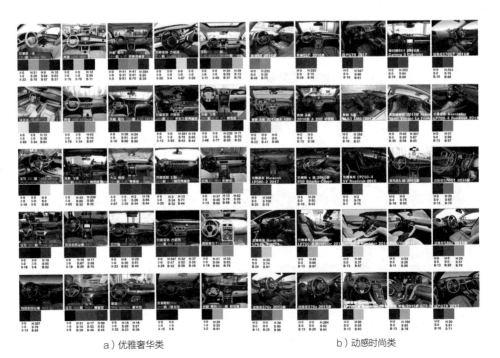

a）优雅奢华类　　　　　　　　　　　　　　b）动感时尚类

图4-9 样本色彩要素提取

c）商务硬朗类　　　　　　　　　　　d）简洁实用类

图4-9　样本色彩要素提取（续）

## 4.2.1　"优雅奢华"类汽车内饰材质要素分析

1. 对优雅奢华类汽车内饰看板的基本材质进行分解，首先，进行材料和工艺的解构和分析。

真皮用在方向盘（图4-10）包覆上，良好的弹性和韧性能使驾驶员握方向盘时手感更加细腻舒适，优于常见的塑料和人造皮革。真皮与手掌的摩擦系数比塑料或橡胶更有益方向盘的精准操作，避免因手滑使方向盘失控造成安全事故。但真皮包覆的方

图4-10　优雅奢华类汽车方向盘（a）工艺细节

向盘不如塑胶包覆的方向盘耐用，因为皮革容易被指甲或戒指等尖锐物划伤甚至脱落。因成本较高，一般只有豪华轿车才会把方向盘的中间区域进行真皮包覆。金属多数被用在按键或功能划分上，少数会用到塑料材质。

优雅奢华类车型的中控台及门内侧板常用材料，除皮革外，还有木材（实木）、金属（铝合金）、稀有材料和塑料等。为了强化自然、和谐、统一的效果，在功能区分部位以铝合金为边界，用作车内饰的木板经过硬化处理后用清漆覆盖，让木材的纹理呈现天然的状态。此外，要求严格的汽车企业会在同一辆车上选用同一棵树相邻部位的木材，在拼接时，相邻的部位采用相邻纹理的木料，而对称的位置则采用对称纹理的木料。常采用多层板压制工艺，将木材混入增加强度的材料制成薄薄的木板，防止撞击后破裂。汽车内饰里较常用的木材如胡桃木、岑木和鸡翅木等，重量较轻，颜色富有变化，质地硬实，有较强的防潮和防强外力冲击的能力，如图4-11所示。

图4-11　优雅奢华类汽车中控台（b）材质细节

奢华类车型座椅（图4-12）一般选择真皮里的头层皮革，真皮的主要原料通常是牛皮、羊皮和猪皮等，比一般的布料、织物和棉质更耐脏，方便清洁，不易沾染灰尘。但真皮座椅最大的缺点是透气性差，人体与真皮座椅接触容易感到闷热甚至出汗。因此在座椅上通常打小孔来提升座椅的透气性以保证乘坐的舒适性。

图4-12　优雅奢华类汽车座椅（c）材质细节

贵重的材料可以增加汽车的奢华感，如图4-13所示的红旗 L5 2014帜尊版，特别使用了福建沈氏大漆纹理饰板，取代了传统豪华轿车上所采用的木材，这种漆器纹路已经入选中国非物质文化遗产名录，显得弥足珍贵且富有中国特色。

由于木材的造价较高，而门内侧板（图4-14）与中控台相比起来并不处在视觉中心，因此门内侧板的贵重材料所占的比例比中控台少，但仍需保持视觉上的连贯性，起到点缀作用。

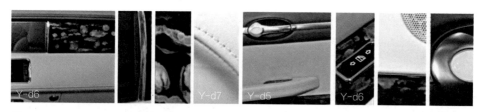

图4-13　红旗L5 2014帜尊版车门内侧板

图4-14　优雅奢华类汽车车门内侧板（d）材质细节

综上所述，从优雅奢华类车型内饰局部细节图看出，主要用到的材质有皮革、金属、塑料和木材。优雅奢华类车型内饰偏爱真皮材质，无论是方向盘、中控台、座椅还是门内侧板，几乎都以真皮为主，搭配木材和金属等材料，显得自然、温暖、细腻，有一定的体量感和奢华感。表面处理工艺常用喷漆、磨砂、IML和IMG等。

（1）优雅奢华类的车型所用材料讲究天然，追求品质，注重材料天然的纹理。无论是在方向盘、座椅还是中控台和门侧板上都大量运用到了真皮材料。首先真皮手感会比塑料和人造皮革舒适，且不易打滑；其次真皮比较耐脏，缺点是透气性比织物差，较塑料材质易磨损。真皮能给人柔软、亲和且温暖的感觉，使汽车内饰看起来十分舒适优雅，而且真皮本身就给人一种贵重感，在中控台上再搭配上同样有亲和力、体量感的天然木材（或者稀有的材料），使整车的内饰看起来既奢华又大气。

优雅奢华类汽车内饰的材料体感，整体倾向是偏中性的。在温感上，给人较强的温暖感，大量使用的皮革和木材均传递了这种感觉。在硬度体感上，属于中等硬度偏向于柔软，优雅奢华类的车型除了大量运用皮革这类较柔软的材料外也会运用少量木材去表现质感。体量感是偏向"中等重量"、"较重的"，真皮本身就给人一种昂贵的、有量感，在中控台上再搭配上同样有分量的木材，使整车的内饰显得奢华大气。粗糙度体感取决于材料的天然质感，大多数车型优雅奢华类汽车内饰在视觉上呈现为光滑的质感，小部分呈现为粗糙质感。

（2）在表面处理工艺上，优雅奢华车型注重体现材料本身的纹理，不进行过度的装饰，简单的表面处理工艺使汽车看起来优雅大方、低调奢华。如打磨和喷漆表面处理工艺，具备耐看、耐用和耐磨的特性，使得木材等天然材料具有良好的亲和力。塑料材质在工艺处理上常见的工艺有IML和IMG工艺，通过IML工艺处理独特的花纹，具有高端华丽和细腻古朴的特性，有力地提升了汽车的内饰档次。金属材质常采用拉丝、打磨和镀铬工艺，其中金属拉丝工艺比较多用，最能带给用户奢华和时尚感。

表面处理工艺的粗糙度体感一般呈现光滑、中等粗糙和较粗糙三种层次，通过IML和镀铬处理，材质表面较光滑，使这类车型看起来较灵动，但打磨和金属拉丝的运用则使它们看起来更具质感，更加奢华。通过IMG处理工艺能使塑料获得皮纹的质感，但不具备真皮所具有的柔软感。工艺的温度体感是偏向"极暖的"和"较暖的"。IMG工艺和IML工艺都能带给用户暖意，在硬度上是"柔软"和"中等硬度"并存，IMG工艺处理过后，塑料表面会比IML工艺和烤漆工艺处理过的塑料表面显得柔软。

2. 对优雅奢华类汽车内饰看板的色彩要素进行解构和分析。

优雅奢华类汽车内饰的色彩，从色相来看，主要分布在以温暖的红、橙和黄色为主的区域；从明度和纯度来看，分布较广，在高纯度、低明度及中纯度、中低明度区域，豪华、华丽、饱满、戏剧感、诱惑、浓郁、高档、成熟和魅力等感觉比较明显。

此类汽车内饰，通过暖色系、高纯度、低明度及中彩度、中低明度的深色调与黑色搭配，营造出奢华高贵的氛围。米色系为代表的明亮色调的色彩可以塑造华丽的氛围，强调深色调，体现内饰的豪华感、稳重感和档次感，多用于高售价的汽车型号，如戴姆勒-克莱斯勒的迈巴赫和宾利等，配置豪华，做工精致，选材考究。

提取的42种色彩中（图4-15），色相上有41个暖色系，其中有27种处于极暖的色相（15°~45°区间）。

在纯度上，提取的42个色彩中，14个处于中等纯度，属于硬度感适中；12个处于低纯度区间，属于硬度感较软；12个处于高纯度区间，属于硬度感较强。综合来看，优雅奢华类车型内饰的色彩硬度，以中等硬度区间为主，在较软和较硬区间均匀分布（5%~95%）。

在明度上分布也较均衡，分布范围较广，其中有21个明度为10%~50%，属于低明度区间，体量感轻；有20个明度为50%~90%，属于高明度区间，体量感较重。综合来看，优雅奢华类车型色彩体量以中等体量为主，较轻、较重均匀分布（10%~90%）。

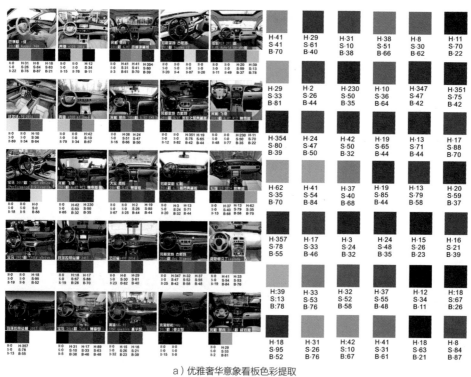

a）优雅奢华意象看板色彩提取

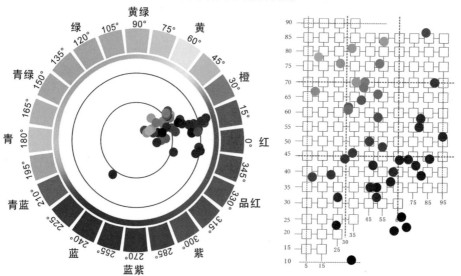

b）优雅奢华意象色相、色域分析

图4-15 优雅奢华类汽车内饰看板的色彩提取与分析

## 4.2.2 "动感时尚"类汽车内饰材质要素分析

1. 对动感时尚类汽车内饰看板的基本材质进行分解，首先，进行材料和工艺的解构和分析。

动感时尚类的车型多为跑车，由图4-16方向盘（a）局部细节图，得到的材质有传统的皮革、金属和塑料，其中皮革用在方向盘四周的手握部位，金属用于方向盘的支架部位，塑料用于方向盘的按钮和中间区域，还加入了Alcantara这种常用于跑车内饰的合成材料。

Alcantara合成材料的成分是68%的涤纶和32%的聚氨基甲酸乙酯，手感类似于翻毛皮，非常细腻轻柔，摸上去舒适感胜于真皮和翻毛皮。摩擦系数非常高，特别适合用在方向盘和座椅上，驾驶员操控动感类跑车激烈驾驶过程中不容易出现双手打滑情况。和真皮一样，Alcantara能使汽车看起来高档且狂野。从图片中可以看出金属在方向盘上所占的比例较高，温暖的皮革和冰冷的金属大面积地结合在一起可以带给用户产生强烈的视觉冲击。

图4-16　动感时尚类汽车方向盘（a）材质细节

从动感时尚类车型的中控台局部细节图4-17，得到中控台（b）的材质较多用到碳纤维和Alcantara合成材料。碳纤维是高端跑车内饰常用的材料，质量轻、强度高，粗犷的纹理使汽车内饰具有动感。碳纤维搭配Alcantara合成材料，产生强烈的运动感和激情。此外，金属和皮革在中控台所占的比例也不低，电镀的金属具有极强的光泽感，刺激性强，能很快吸引用户的注意力。

由图4-18来看，动感类车型的座椅（c）和优雅奢华类的车型一样，选用真皮，但这类车型在颜色的选择上会更多样也更鲜艳，能给人带来强烈刺激感和时尚感。在真皮上的处理手法也更多样，通过不同粗糙程度的纹路处理，使汽车内饰看起来更具狂野感。Alcantara合成材料做成的座椅拥有非常出色的耐用性，抗污，耐火，极少出现磨损的情况。Alcantara合成材料与真皮的结合给汽车带来活力。

图4-17 动感时尚类汽车中控台（b）材质细节

图4-18 动感时尚类汽车座椅（c）材质细节

图4-19 动感时尚类汽车门内侧板（d）材质细节

图4-19动感时尚类汽车门内侧板材质，有皮革、金属和塑料等最常见的门侧板的材料。为了保持与中控台的连贯性，应用了Alcantara合成材料和碳纤维，材料比较多样性。前门侧板可以看作是中控台的延伸，其所用到的材料也基本和中控台上的材料保持一致。

综上，动感类汽车内饰看板的材料提取结果为Alcantara合成材料、碳纤维、翻毛皮、皮革、金属和塑料等，表面处理工艺提取得到拉丝、镀铬、打孔和缝线等工艺。

（1）动感时尚类车型多为跑车，强调速度、狂野和激情等感觉，无论是材料、表面处理工艺还是色彩，易呈现两极化的大对比。在选材上注重轻量但不失品质，如Alcantara合成材料和碳纤维。材料的温度体感上，动感时尚类车型材料的温度总体给人的感觉是极暖的，但碳纤维和金属的运用能带给人冷意，让汽车内饰碰撞出强烈的刺激感。材料硬度上，真皮和Alcantara合成材料都是给人感觉较软的材料，为了使动感时尚类车型的内饰看起来更具动感则需要搭配较硬的碳纤维材料和塑料，才能使整车内饰不至于过于轻柔。在粗糙度上，Alcantara合成材料和粗纹皮革所产生的粗糙感则使动感时尚类车型的内饰看起来较粗犷，搭配少量较光滑的金属和碳纤维，使这类车型看起来更灵动。材料的体量感较轻，比如碳纤维这种材料给人感觉较轻和较灵动。而动感时尚类车型主要是营造灵动的感觉，不适合使用大面积的重材料，只可以少量点缀。

（2）在表面处理工艺上，由于动感科技类车型多为跑车，它在金属和塑料的表面处理上会更具动感，花纹的样式更多样。在塑料材质的表面工艺处理上常见的有咬花工艺和烤漆工艺，通过咬花工艺处理的塑料表面能获得不同的纹理，凹凸的纹理给汽车整体内饰带来了动感，同时使中控台的装饰不再单调。在金属材质中会用到金属拉丝工艺和镀铬工艺，主要是为了营造动感和时尚感，给人们带来激情与运动的感觉。少数跑车采用烤漆工艺使得内饰在给人动感印象中增加了一定的沉稳感。

表面处理工艺体感上，动感时尚类汽车内饰同样呈现强烈刺激，两极对比。如粗糙度／光泽度体感上，以粗糙感为主，光滑感为辅，如塑料表面多运用咬花工艺使内饰整体较为粗糙，但少量金属通过镀铬处理使汽车内饰更亮眼。在温度感上，以极暖为主、以极冷为辅，金属表面的拉丝和镀铬工艺与塑料表面的咬花处理工艺，两种温度感截然相反的工艺组合使用，会使得此类车型的内饰产生巨大的刺激感。在硬度体感上，以较软为主，以坚硬为辅，如咬花工艺给人的感觉较软，镀铬和金属拉丝则给人感觉较硬，两种反差能给这类车型带来较强烈的动感。

2. 其次，对动感时尚类汽车内饰色彩要素解构及分析。

表达动感时尚的印象，通常具备鲜明活泼大胆的色彩，即各种中高纯度、高明度的色彩。这样的色彩区间，具有愉快、轻松、新鲜、俏皮、年轻、温暖、幻想、鲜嫩、活泼和主动的情感。提高色彩的对比度，具有刺激性，既能体现出消费群体的年轻与个性，展现出活跃与奔放的特点。以高纯色中明度色彩为主色，与黑色、金属银等低明度中性色搭配，强调力量和平衡色感，让消费者感受到速度感和力量感，常用于跑车等运动风格的车型。

图4-20提取的24种色彩中，从色相分布来看，有20种暖色系，其中8种处于极暖色，12种处于较暖色相（0~105°，315°~360°）。以活泼的橙色和激情的红色为主，只有4种冷色系，属于时尚活力的绿和蓝色。

从纯度上看，多是处于中高纯度区间（50%~100%）。其中，12个处于较软的区间，8个处于柔软的区间，体现极柔软和较软的硬度特征。

从明度上看是处于较高明度区域（60%~100%），提取的24种色彩中，有12种处于较轻的区间，8种处于极轻的体量特征区间。

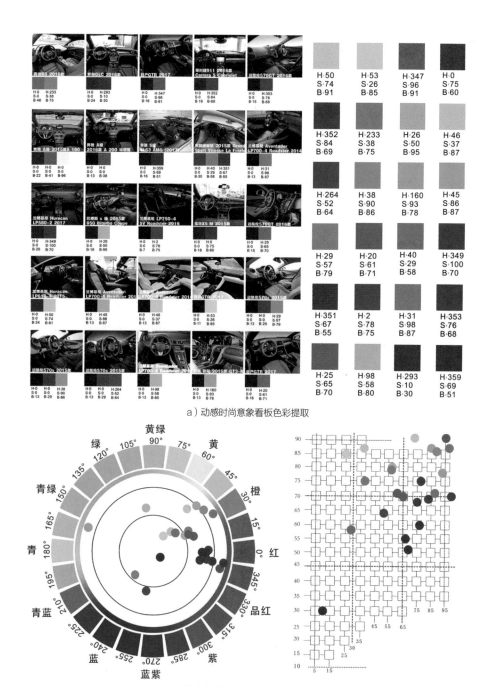

a）动感时尚意象看板色彩提取

b）动感时尚意象色相、色域分析

图4-20 动感时尚类汽车内饰看板的色彩数据提取与分析

## 4.2.3 "商务硬朗"类汽车内饰材质要素分析

1. 对商务类汽车内饰的基本要素分析，首先对材料、表面处理工艺要素进行解构和分析。

图4-21　商务类汽车方向盘（a）材质细节

　　从图4-21来看，商务类车型方向盘（a）的主要材料有皮革、金属、塑料和木材。商务硬朗类车型的方向盘塑料和皮革所占的比例较多，在方向盘中间区域基本都采用塑料，表面经过一定的处理做成皮纹的效果。真皮能提高车内的档次感，塑料可以给汽车带来硬朗的感觉。在搭配上，镀铬或者进行了其他表面处理的铝合金，使汽车看起来商务而且大气。少部分的车型在方向盘上会用到少量的木材，但也能使汽车看起来比较高档。

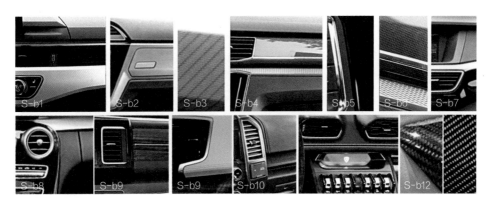

图4-22　商务类汽车中控台（b）材质细节

　　从商务类车型中控台（图4-22）来看，材料多为塑料和金属。为了不让中控台看起来过于单调，将塑料饰板覆膜IMD、IML和水转印等处理成不同的花纹，如仿碳纤维饰板、仿木饰板，这样节约了成本的同时也能获得不同纹理的饰板。商务硬朗类的车型为了营造一种硬朗的感觉，很多时候在中控台不采用皮革材料，更多的是利用塑料做不同的表面处理，如IMG等表面处理工艺达到皮纹的质感，不会有塑料本身带来的生硬的感觉。少部分车型为了档次感更强会选用木材饰件。金属在中控台中，主要用作需要区分功能的界限，如出风口或是按键区域的边缘。

　　从图4-23来看，商务类车型座椅多为皮革，通常是真皮结合人造革，或皮革和绒布的拼接。商务硬朗类车型多用于商务，而且司机多为男性，座椅所使用的皮革较硬，而且表面花纹的处理线条也比较硬朗。考虑到成本，这类车型在座椅上所使用的皮革通常多为真皮结合人造革，乘坐人员臀部和后背靠的部位采用真皮，而其他部分则为人造

图4-23  商务类汽车座椅（c）材质细节

图4-24  商务类汽车车门内侧板（d）材质细节

革，或者整车座椅都是人造革。还有皮革与绒布的结合可以节约成本的同时达到装饰的效果。

因门内侧板连接着中控台和座椅，所以门内侧板的材质大部分都与中控台、一部分座椅的材质结合。从图4-24来看，商务类汽车门内侧板（d）选材，除了塑料、金属常见材料外，还会小面积拼接与座椅相同的皮革或绒布，使风格更为统一，起到点睛的效果。

综上所述，商务类汽车内饰材料提取结果，包括塑料、金属、木材、皮革和绒布等；表面处理工艺提取结果包括IMG、IMD、IML、水转印和烤漆等。

（1）商务类车型在材料的选用上多种多样，方向盘以塑料和皮革所占的比例较多，真皮能提高内饰档次，而塑料可以给汽车带来硬朗的感觉。有少部分的车型在方向盘上会用到少量的木材，使汽车看起来更高端。座椅方面多用硬质皮革或皮革与绒布的结合，因为商务车售价适中，提升档次的同时需节约成本，中控台较少使用皮革，更多的是利用塑料做不同的表面处理从而达到皮纹的感觉，还能利用塑料做成仿木饰板和仿碳纤维饰板。门侧板的材料也会结合中控台和座椅上的材质。商务车型主要给人传达出一种沉稳的感觉，较少采用金属这种材质。

材料的体感温度上，塑料、皮革和布料座椅，整体给人的感觉是中等、偏暖的。硬度体感是整体较硬的。局部的布料、皮革座椅搭配，较软的触感，使汽车内饰提升亲和感的同时也能平衡、中和汽车内部的硬度。粗糙度／光泽度体感是较粗糙的，塑料、布料、皮革所带来的粗糙感能为汽车内饰营造更为硬朗、稳重的质感。在体量感上，塑料、皮革和布料，偏向较轻、中等重量。

（2）在表面处理工艺上，商务类的车型定位属于中高端，在材料的表面处理工艺上，通常在强调视觉质感的同时，也强调触觉体验。如在塑料的表面处理上采用IMG工艺、烤漆工艺和IML工艺。之所以采用IMG工艺而不采用咬花工艺，是因为IMG工艺处理出的仿皮纹效果更好，不仅看起来非常相似且触感柔软，能模拟皮革给人的感觉，让内饰显得更有质感。

利用IML工艺所呈现的塑料材质，在达到逼真的仿木效果的同时，能节约使用真木带来的成本，中高端的价位更适合商务用途。在少量运用的金属材料上，用到了金属拉丝工艺和镀铬工艺。镀铬工艺能给人一种实用、耐用且大气的感觉，但不能过度地运用这种表面处理方法，不然效果适得其反。镀铬层具有很高的硬度，铬镀层具有良好的化学稳定性，增加了其耐用性。金属拉丝工艺能带给人们动感和时尚感，使整车的内饰增添活力，更加硬朗。烤漆工艺则带来一种低调、稳重的感觉。

表面处理工艺的粗糙度体感上，给人感觉较粗糙，如IMG工艺处理的塑料材料表面则比较粗糙。在温度体感上冷暖并存，IMG工艺和IML工艺处理过后的材质都能给人温暖的感觉，烤漆、镀铬还是拉丝工艺处理过的材质则给人冰冷的感觉。同理，在硬度体感上，柔软和较硬并存，IMG工艺带来柔软的感觉，拉丝处理、镀铬和烤漆工艺则让人感觉较硬。

2. 其次，对商务类汽车内饰的色彩要素进行解构和分析。

商务类车型，偏向中低纯度、中低明度区域，体现成熟、信赖、男性的、力量、高级、威严、端庄和厚重的情感。多为单个低明度黑色与单个或多个彩色搭配。一般情况下，色相上突出科技感和男性特点的情感意象以冷色为主。男性会选择以体现冷峻感的冷色系色相或以黑色灰色之类的无彩色的色相。除此之外，选择中纯度中低明度色调的情况也很多，如红色和橙色，这类颜色与黑色搭配可以演绎出冷静、沉着、强壮和潇洒等男性的感觉，通常造型平稳、功能齐全、做工精湛，在中级或中高级商务车中较多见。

由图4-25a提取的42种色彩中，温度体感上（0~105°，315°~360°），有37个暖色系，其中，有20种处于极暖色相，有17种处于较暖色相，有少量冷色调点缀。

在硬度感上，提取的42种色彩中有38个纯度为低纯度（0~50%），偏硬。在体量感上，提取的42种色彩中，明度上分布较广，有20种处于低明度的区间（20%~40%），偏重，其余为中高明度范围（50%~70%）。

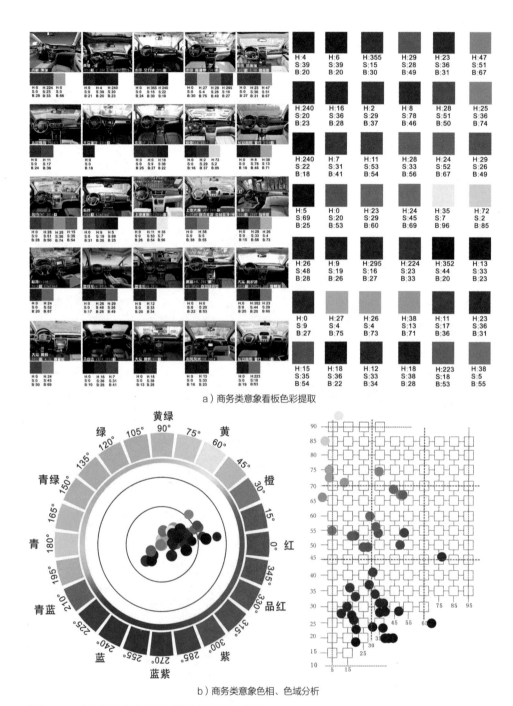

a）商务类意象看板色彩提取

b）商务类意象色相、色域分析

图4-25　商务类汽车内饰看板的色彩提取与分析

## 4.2.4　"简洁实用"类汽车内饰材质要素分析

1. 对简洁实用类汽车内饰看板的基本材质进行分解。首先，进行材料和工艺的解构和分析。

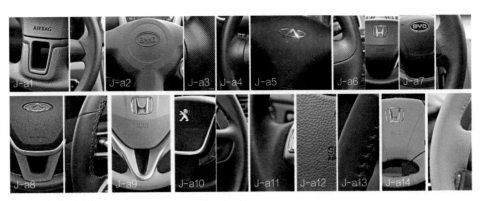

图4-26 简洁实用类汽车方向盘（a）材质细节

简洁实用类车型方向盘的材质细节（图4-26），所用到的主要材料有塑料和皮革（包括人造皮革）。与其他类型相比，简洁实用类车型是性价比较高的，从图4-26来看，方向盘（a）在材料的选择上也多种多样。全塑料的方向盘使用的是泡沫塑料，这种材质优点是握力好，不打滑，成本低，不足之处是手感没有皮革好，不吸汗。这类车型用在方向盘上的皮革通常是人造皮革，它的外观和手感没有真皮显得美观和细腻，但能模仿真皮的效果而且材料成本比真皮低廉。该材料的方向盘摩擦系数适合一般情况驾驶，且寿命和真皮的差距比较大，阳光曝晒和低温都可能引起材料的老化。

简洁实用类车型方向盘功能较单一，也很少出现金属装饰，注重节约成本，会利用塑料进行表面喷涂和镀铬工艺塑造金属的质感。

中控台（图4-27）和门内侧板（图4-28）上主要运用的材料有塑料、布料和极少量金属。出于成本考虑，简洁实用类的车型在操控台上几乎没有用到真皮，塑料成了主要的材料，会借助塑料各种各样的表面处理工艺，比如打孔、皮纹、咬花或进行塑料喷

图4-27 简洁实用类汽车中控台（b）材质细节

图4-28　简洁实用类汽车（c）车门内侧板材质细节

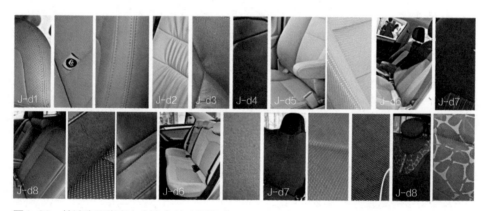

图4-29　简洁实用类汽车座椅（d）材质细节

涂，从而达到金属、碳纤维和皮革的效果，节约成本又不至于使内饰太过单调，但整车内饰触感不佳，质感相对生硬。镀铬金属效果只用在按钮的边缘，起到功能区分的作用。

　　简洁实用类车型的座椅（图4-29）更多地会选择布料如绒布和织物等成本较低的材料。当前的织布座椅的材质具有良好的水平，大多使用绒布和化学纤维制成，性价比较高，不打滑，透气性好，不怕晒，不易破损，较大的不足是清洁不便，且看起来比较廉价，档次不高。

　　综上所述，简洁实用类车型，材料提取结果包括塑料、织物、绒布、人造皮革和金属等，表面处理工艺提取结果包括咬花、喷漆和镀铬等。

　　（1）简洁实用类的车型售价不高，在材料上更多地考虑性价比较高的材料，如塑料和布料。方向盘、中控台和门侧板上也多用到塑料。塑料给人的感觉较硬，较粗糙，而且缺乏温暖感和重量感，属于比较中性的材料，大量的运用塑料会使汽车内饰看起来生硬，毫无生气，但也会比较简洁而且耐用。这类车型为了避免塑料感过重以及过于单调，会在塑料表面进行不同的表面处理，使汽车更有生气。座椅方面很少使用全皮，大都选择了布质的座椅，能在一定程度上弥补塑料材质的生硬感受，带给人们温暖、柔软的感觉，是皮革座椅很好的替代品。

在材料的温度体感方面，布质的座椅能带给人们温暖、柔软的感觉，塑料不会让人感觉温暖也不会让人感觉冰冷，是一种中等温度感的材料。

在硬度上是以较硬为主、以柔软为辅，布料的使用可以帮助减弱塑料使用过多产生的过硬感觉。

在粗糙度／光泽度体感上，塑料和布料给人的感觉都较为粗糙，而且金属也较少运用在这类车型中，所以整车内饰的光泽度也较低。

在重量体感上，大面积的运用塑料及布料使汽车内饰看起来不够厚重，整体感觉较轻，属于中等重量。

（2）表面处理工艺上，简洁实用类车型塑料材质多用塑料咬花工艺来获得皮纹的感觉，在节约成本的同时又能获得皮质材料的感觉，而且比皮质方便清洁，使得内饰的表面层次更加丰富。还使用了塑料喷涂制造一种金属感，给汽车带来简单大方的视觉效果，且能降低成本。在较为高端的车型中，IMG工艺取代了压花工艺，使内饰看起来更有质感和层次，提高汽车的档次。在金属材质中镀铬的金属显得不够时尚，但是能给人一种实用和耐用的感觉，简单的工艺能使汽车看起来简洁大方。金属拉丝工艺最能带给人们动感和时尚感。压花工艺具备耐看、耐用、耐磨、视觉美观、易清洁、免维护、抗击、抗压、抗划痕和不留指纹印等优点。简洁实用类车型中部分车型会以皮革包裹方向盘，但主要是使用人造革，相对塑料方向盘，可增大手掌与方向盘之间的摩擦力，提升档次。

在表面处理工艺的粗糙度体感上，呈现中等粗糙度和粗糙感，出自成本考虑，这类车型大多用塑料喷漆来获得金属感，而这样的处理并不能获得同样的金属光泽度。通过咬花处理的塑料表面同样比较粗糙。在温度体感上，是极暖和中等温度的，如塑料喷涂而获得的金属感并不会像金属，给人本身很冰冷的感觉，咬花工艺处理过的塑料就如同皮革一般，给人温暖的感觉。在硬度体感上，是较软，属于中等硬度，如咬花工艺给人较软的感觉，喷漆则中规中矩。

2. 其次，对简洁实用类汽车内饰色彩要素进行解构和分析。

简洁实用类车型色彩，提取在低纯度低中高明度区域，此区域能够表达出轻柔、干净、宁静、优雅、浪漫、细腻、品质感、简洁的高级感，色相分布多为干净舒适的青蓝色和红色。

多为单个低明度黑色与单个或多个彩色搭配（图4-30）。从色彩的提取结果来看，共提取的32种色彩中，有19个暖色系。其中，有13种处于极暖色相（15°~45°），14种色彩处于较软的区间（60%~80%），有16个位于中低纯度（0~50%），硬度为中等偏软。含有少量对比的色彩（如冷色）做点缀。

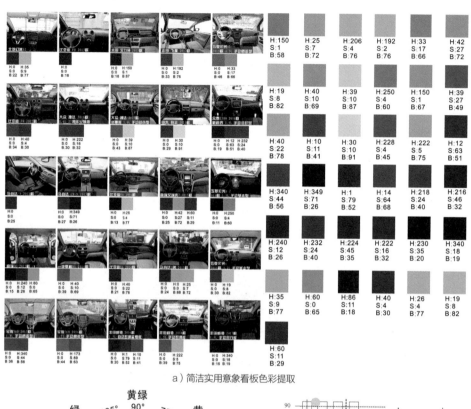

a）简洁实用意象看板色彩提取

b）简洁实用意象色相、色域分析

图4-30　简洁实用类汽车内饰看板的色彩提取与分析

## 4.2.5　汽车内饰典型情感意象与关键体感特征之间的关联

　　应用焦点小组、访谈法和实验法等，邀请专家和汽车消费者30人组成测试小组
（男女各半，年龄18~40岁之间），分别对动感时尚、优雅奢华等四类典型用户偏好意

象样本看板图片，进行体感意向度分析和评价（表4-6）。建立产品情感意象与材质物理体感特性间的关联，分析典型意象汽车内饰的关键体感特征。

动感类材质体感评价（SD法）样张 表4-6

| 针对动感类样本，您的物理体感评价是（每个体感特征勾选三项）: | | | | | |
|---|---|---|---|---|---|
|  | 1非常 | 2较 | 3中等 | 4较 | 5非常 |  |
| 极粗糙的 |  |  |  |  |  | 极光滑的 |
| 极温暖的 |  |  |  |  |  | 极寒冷的 |
| 极柔软的 |  |  |  |  |  | 极坚硬的 |
| 极沉重的 |  |  |  |  |  | 极轻巧的 |

通过本书对典型意象汽车内饰的材质解构分析，综合意象调查结果，取每个特征选项75%以上人勾选数量由多到少排序，得出四类典型意象对应的关键体感特征结果见表4-7。

四类意象体感意向度调查结果 表4-7

| 情感 | 粗糙感 | 硬度感 | 温度感 | 体量感 |
|---|---|---|---|---|
| 商务 | 极光滑 | 坚硬 | 较冷 | 沉重 |
| 科技 | 较光滑、中等粗糙 | 较硬、中等硬度 | 极冷、中等温度 | 较重、极轻 |
| 简洁 | 中等粗糙 | 中等硬度 | 中等温度 | 较轻 |
| 实用 | 较粗糙、极粗糙 | 较软、非常柔软 | 较暖、极暖 | 极轻、中等体量 |
| 动感 | 极粗糙 | 非常柔软 | 极暖 | 较轻 |
| 时尚 | 较粗糙、较光滑 | 较软、较硬 | 极冷、较冷 | 中等体量、较重 |
| 优雅 | 较光滑 | 中等硬度 | 中等温度 | 中等体量 |
| 奢华 | 较粗糙、极粗糙 | 较软、较硬 | 极暖、极冷 | 较重、沉重 |

对典型用户意象建立统一体感特征量值范围，再映射到材质各要素的组成上。在材质各要素的优先级上，以材料的优先级最高，其次是表面处理工艺，最后是色彩。每个要素根据体感特征，建立各自的三维体感维度。

为了避免体感数据在交叉等计算过程出现空洞，取值可以由设计人员根据具体情况，扩缩语义范围。

在材料和表面工艺上，动感类汽车内饰首先给人偏向粗糙的、柔软的、温暖的和较轻的等体感；优雅奢华类型偏向光滑细腻，体量中等偏重，硬度感和温度感中等；

商务科技类汽车内饰光滑，偏冷感、硬感和重量感；简洁类车型在粗糙程度上是中等偏粗糙，硬度感上中等偏软，温度上中等偏暖，体量感较轻。

在配色上，简洁实用类车型处于低纯度、中高明度、中性偏暖色系范围，见图4-31；优雅奢华类车型，偏向中低明度、中低纯度、暖色系范围；动感时尚类车型整体上偏向高明度、中高纯度、暖色系；商务科技类车型整体偏好低明度、低纯度、冷暖色系并存的色彩范围。

四类意象色相环对比及体感意向度实验过程分别见图4-32、图4-33。

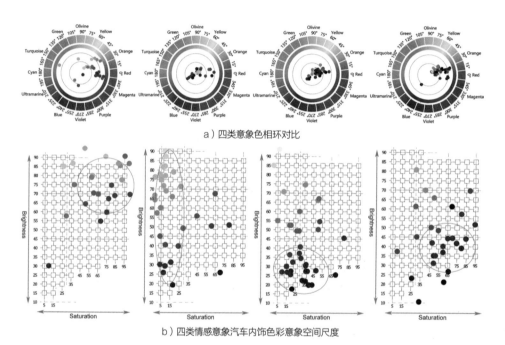

a）四类意象色相环对比

b）四类情感意象汽车内饰色彩意象空间尺度

图4-31　四类意象产品明度、纯度初步提取对比

图4-32　四类意象色相环对比

图4-33 实验过程

## 4.3 关键体感评价特征与CMF材质要素的关联准则

### 4.3.1 建立汽车内饰材质库

对现有材料尤其是汽车内饰常用的材料，包括塑料、皮革、金属、碳纤维、布料等进行材质图片搜集、分析其感觉特性，见表4-8。

对常见的表面处理工艺，包括拉丝、咬花、压花、水转印、塑料喷漆、烤漆、IMG、IML、镀铬、打磨和抛光等的图片资料搜集，完成工艺过程描述，感觉特性分析，见表4-9。

材料感觉特性描述 表4-8

| 编号 | 名称 | 效果图 | 感觉特性 | 编号 | 名称 | 效果图 | 感觉特性 |
|---|---|---|---|---|---|---|---|
| 1 | 金属 | | 坚硬、光滑、理性、拘谨、现代、科技、凉爽、笨重 | 2 | 碳纤维 | | 理性、现代、科技、轻巧…… |
| 3 | 塑料 | | 人造、轻巧、细腻、艳丽、优雅、理性、较硬…… | 4 | Alcantara合成材料 | | 温暖、感性、柔软…… |
| 5 | 木材 | | 自然、亲切、古典、手工、温暖、粗糙、厚重 | 6 | 玻璃 | | 明亮、光滑、干净、协调、自由、精致、活泼 |

| 编号 | 名称 | 效果图 | 感觉特性 | 编号 | 名称 | 效果图 | 感觉特性 |
|---|---|---|---|---|---|---|---|
| 7 | 皮革 | | 感性、浪漫、手工、温暖、坚韧…… | 8 | 陶瓷 | | 高雅、明亮、时髦、整齐、精致、凉爽 |
| 9 | 布料 | | 柔软、手工、温暖、粗糙…… | 10 | 橡胶 | | 人造、低俗、阴暗、束缚、笨重、呆板 |
| 11 | 石材 | | 冰冷、笨重、呆板、束缚、粗糙、坚硬 | 12 | PI纤维棉毛 | | 柔软、轻巧、浪漫、手工、极温暖…… |

表面处理工艺描述　　　　　　　　　表4-9

| 编号 | 工艺 | 效果图 | 描述 |
|---|---|---|---|
| 1 | 拉丝（LS） | | 制造过程：反复用砂纸将板材表面刮出线条。<br>类型：直纹、乱纹、螺纹、波纹和旋纹等。<br>感觉特性：现代、光泽、闪耀、理性、科技 |
| 2 | 表面涂饰（喷涂、抛光等）（PQ） | | 喷涂是在被涂物表面，形成牢固连续的涂层，发挥其防护、装饰等作用。抛光是将漆面老化、磨损的漆膜研磨掉，使新的漆膜产生，恢复亮丽。<br>感觉特性：细腻、柔和、低调、传统、感性 |
| 3 | 磨砂（MS） | | 磨砂是表面改性技术的一种，一般指借助粗糙物体（砂纸等）来通过摩擦改变材料表面物理性能的一种加工方法，主要目的是为了获取特定表面粗糙度。<br>感觉特性：粗糙、优雅、朦胧 |
| 4 | 压花（HA） | | 制作过程：通过机械设备在金属板上进行压纹加工，使板面出现凹凸图纹，板上的凹凸深度因图案而不同。易清洁、抗击、抗压、抗刮痕及不留手指印。<br>感觉特性：光泽、科技、美观、理性、冰冷 |
| 5 | 印刷（水转印、丝印等）（YS） | | 水转印，是利用水压将带彩色图案的转印纸/塑料膜进行高分子水解的一种印刷。其间接印刷的原理及完美的印刷效果解决了许多产品表面装饰的难题。具备美观、时尚、轻盈、光泽感 |

续表

| 编号 | 工艺 | 效果图 | 描述 |
|---|---|---|---|
| 6 | IML | | 产品表面是一层硬化的透明薄膜，中间是印刷图案层，背面是塑胶层，防止表面被刮花和耐摩擦，并可长期保持颜色的鲜明不易褪色。<br>感觉特性：时尚、感性、科技、个性、光滑 |
| 7 | 膜内装饰（IMG） | | In Mold Graining，简称阴模真空成型，是一种真空成型技术。<br>感觉特性：亲和、粗糙、较柔软、温暖 |
| 8 | 激光（雕刻、打孔）（JG） | | 材料上面打上不同花型或者按一定规律分布的孔。<br>感觉特性：粗糙、笨重、坚硬、理性、原始、冰冷、狂野、科技 |
| 9 | 镀覆（电镀、化学镀等）（DF） | | 装饰性镀铬是镀铬的主体，其次是硬铬、微孔铬和黑铬。<br>感觉特性：光泽、豪华、高端、科技、理性、冰冷 |
| 10 | 烤漆（KQ） | | 在基材表面打三遍底漆、四遍面漆，每一遍漆都经过衡温烘烤，漆面平整光滑、色彩饱满。<br>感觉特性：光泽、现代、干净、硬朗 |
| 11 | 咬花（YH） | | 通过化学渗透作用等，在金属制品表面造成各种各样的凹凸纹路，如条纹、图像、木纹、皮纹、绸缎等。<br>感觉特性：粗糙、较温和、多变 |
| 12 | 编织（BJ） | | 指利用韧性较好的材料（如皮、布、竹、草、纤维等），以手工编织成的一种方法。<br>感觉特性：自然、粗糙、原始、亲和、柔软 |
| 13 | 缝线（FX） | | 按照质地可分为天然纤维与合成纤维两大类。<br>优质缝线具备特点：拉力高、坚韧、弹力高、型稳性高、耐高温、耐磨、良好的可缝性。<br>感觉特性：粗糙、原始、亲和、柔软、粗糙 |

最终建立汽车内饰材质库（图4-34），为后续材质体感研究及材质感性系统的构建打下基础。

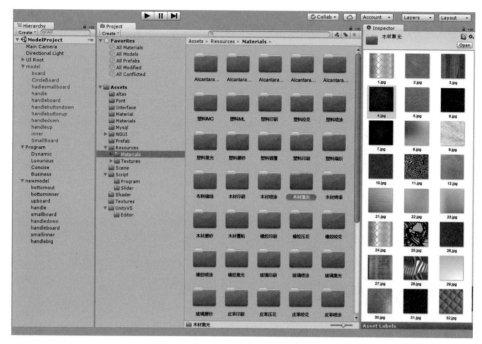

图4-34　材质库

## 4.3.2　基于体感评价特征的色彩标准

基于材质的关键体感评价特性，从"粗糙感/光泽感（粗糙的—光滑的）"、"温度感（温暖的—寒冷的）"、"体量感（厚重的—轻巧的）"、"硬度感（柔软的—坚硬的）"等几个体感维度进行材质要素关联分析，根据工业设计、材料学、汽车设计和心理学等方面知识分别对汽车内饰常见材料、表面处理工艺、色彩三个材质要素进行体感度综合分析和评价。

在色彩要素的分析上，基于HSB色彩模式，通过色相（H）、纯度（S）和明度（B）三个数值来划分（图4-35）。

色彩体系标准基于HSB色彩模式和孟塞尔20色相环（图4-36）。在HSB色彩模式中，色相关乎色彩的冷暖，有彩色中，红橙黄偏暖，青蓝偏冷，绿紫相对中性；无彩

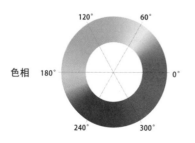

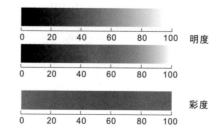

图4-35　色相、明度、纯度三要素范围

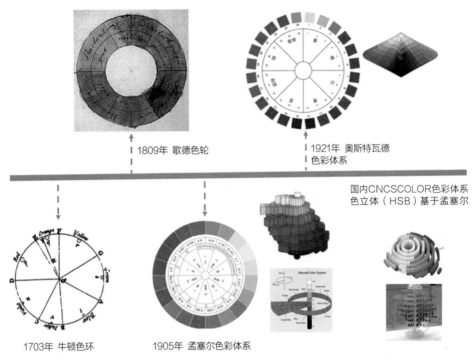

1809年 歌德色轮

1921年 奥斯特瓦德
色彩体系

国内CNCSCOLOR色彩体系
色立体（HSB）基于孟塞尔

1703年 牛顿色环

1905年 孟塞尔色彩体系

图4-36　色彩基础体系

色中白色偏冷，黑色偏暖，灰色为中性色。明度关乎色彩的明暗、轻重，高明度轻松、愉快，低明度沉重、郁闷；纯度关乎色彩的纯净程度、鲜艳与否，高纯度活泼热情、刺激、华丽明快，低纯度朴实、平静、温馨、忧郁。

## 1. 色彩的温度体感评价维度

如图4-37所示，在色彩研究中，色彩的温度感主要体现在色相上，可将色相环粗

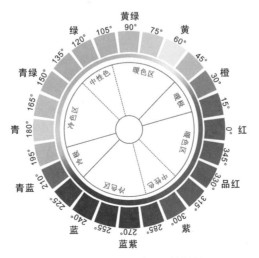

图4-37　色相环—色彩的冷暖区域划分

略划分为暖色系（红橙黄）、冷色系（青蓝）和中性色系（绿紫）。色彩感觉是相对的，其中，暖色系中橙色为暖极，冷色系中蓝色为冷极，紫色、绿色相对中性。本研究将把有彩色的温度划分5个范畴，极暖（橙）、暖色（红、品红、黄、黄绿）、极冷（青蓝）、冷色（青、青绿、蓝、蓝紫）和中性色（绿、紫），如表4-10所示（数值为色相H）。

色彩的温度体感评价等级　　　　　　　　　　　表4-10

| 温度 | 色彩范围（HSB模式） | 等级 | 分数 |
|---|---|---|---|
| 极暖 | H（15°~45°）SB | 5 | +2 |
| 较暖 | H（0~15°、45°~105°、315°~360°）SB | 4 | +1 |
| 中等温度 | H（105°~135°、285°~315°）SB | 3 | 0 |
| 较冷 | H（135°~195°、225°~285°）SB | 2 | −1 |
| 极冷 | H（195°~225°）SB | 1 | −2 |

## 2. 色彩的体量感评价维度

色彩体量包含重量、体面、膨胀与收缩。色彩体量受明度影响最大，重量随明度提高而变轻、上升，明度降低重量增加、体积增大、下沉；同时，体量也受到色相影响，同一明度下，冷色会比暖色更轻，有退缩感，暖色更加膨胀，有前进感。本研究重点考虑明度的影响，把色彩的体量感分为5个范畴（数值大小为明度B），如表4-11所示。

色彩的体量感评价等级　　　　　　　　　　　表4-11

| 体量 | 色彩范围（HSB模式） | 等级 | 分数 |
|---|---|---|---|
| 沉重 | HSB（0~20%） | 5 | +2 |
| 较重 | HSB（21%~40%） | 4 | +1 |
| 中等体量 | HSB（41%~60%） | 3 | 0 |
| 较轻 | HSB（61%~80%） | 2 | −1 |
| 极轻 | HSB（81%~100%） | 1 | −2 |

## 3. 色彩的硬度体感评价维度

色彩的硬度主要与色彩的纯度相关，纯度越高越坚硬，纯度越低越柔软；同时，也与色彩的明度、色相相关，明度越低越坚硬，明度越高越软；暖色相偏软，冷色相偏硬。在这里我们取纯度值，把硬度划为5个范畴（数值大小为纯度S），如表4-12所示。

色彩的硬度体感评价等级 表4-12

| 硬度 | 色彩范围（HSB模式） | 等级 | 分数 |
|---|---|---|---|
| 坚硬 | HS（81%~100%）B | 5 | +2 |
| 较硬 | HS（61%~80%）B | 4 | +1 |
| 中等硬度 | HS（41%~60%）B | 3 | 0 |
| 较软 | HS（21%~40%）B | 2 | −1 |
| 非常柔软 | HS（0~20%）B | 1 | −2 |

对于色彩要素来讲，最重要的体感维度是温度感，其次是硬度感和体量感，分别对应着色彩的三个要素，色相、纯度和明度，通过这三个数值可以明确色彩的数值（由于色彩对粗糙度体感的影响较小，不予考虑）。

### 4.3.3 基于体感评价特征的材料等级标准

材料和表面处理工艺要素，目前在体感方面还没有公认的评价体系和标准。在文献《工业设计材料与加工工艺》中，将材料粗略划分为"温暖—凉爽：皮、木、橡、塑、玻、陶、金"，"柔软—坚硬：皮、木、橡、塑、陶、玻、金"，"光滑—粗糙：玻、金、陶、塑、橡、皮、木"，"轻巧—笨重：玻、木、塑、皮、陶、橡、金"的七级划分方法。本书材料与表面处理工艺的体感评价维度等级标准的建立，参考此划分规则，补充其他汽车内饰常见材料与工艺（图4-38）。

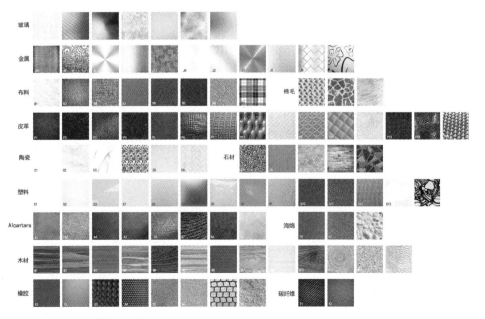

图4-38 测试材料样本分类及编号

本书研究的材料对象包括金属、塑料、皮革、布料、碳纤维、木材、Alcantara合成材料、玻璃、陶瓷和橡胶等12种汽车内饰常见的材料。

表面处理工艺选取了拉丝、镀覆/电镀（PVD、镀铬、镀镍）/化学镀（镀铜、镀金）/贴膜、咬花、压花、磨砂、喷涂（上漆、喷漆）、烤漆、IMG、印刷（丝印、移印、水转印）、IML、激光（雕刻、打孔）、编织和缝线等13种汽车内饰常见的表面处理工艺。

利用材料样本的体感评价调查实验结果，调查表样张见表4-13，把"硬度感、体量感、粗糙/光泽感"（材料的温度体感与硬度体感结果重合度较高，忽略温度感的维度），三个材料关键体感维度分别划分成5个等级，形成汽车内饰材料体感评价等级标准，分级结果见表4-16~表4-18。

材料的体感评价维度调查样例　　　　　　　　表4-13

针对材料，你的评价是:

| | 体感评价 | | | | | | | | | | | | | | |
|---|---|---|---|---|---|---|---|---|---|---|---|---|---|---|---|
| | 极光滑----→极粗糙 | | | | | 极轻----→极重 | | | | | 极软----→极硬 | | | | |
| | -2 | -1 | 0 | +1 | +2 | -2 | -1 | 0 | +1 | +2 | -2 | -1 | 0 | +1 | +2 |
| | | | | | | | | | | | | | | | |
| 名称: 木材（W9） | 关键体感特征（体量感、硬度感、粗糙感，每个特征勾选1项） | | | | | | | | | | | | | | |

在材料体感评价意向度调查实验中，对同一材料选取多个样本，如玻璃选取了7个材料样本，金属选了11个材料样本，橡胶选取了8个材料样本，多个样本综合分析，避免单一素材样本的局限性，并逐一编号，如金属为J1，J2，J3，……，木材为W1，W2，W3，……，布料为B1，B2，B3，……，以此类推，研究中选取的12个材料，共103个素材样本，所有编号及效果如图4-38所示。

实验中，选择了30位测试人员，男女各半，年龄分布在18岁至42岁之间，司机18人，占60%，有设计专业背景人员20人，占66%。

实验中，采用高清材质照片与部分材料真实样本相结合，让被测者能够触摸材质表面纹理以体现材质对象的硬度感、粗糙感等真实手感，通过拿取材料，感受材料的重量。

材料样本硬度感、体量感、粗糙感评价均值　　　　　　　　表4-14

| 材料 | 硬度感（X） | 体量感（Y） | 粗糙感（Z） |
|---|---|---|---|
| 石材 | 1.71 | 1.85 | 1.54 |
| 金属 | 1.88 | 1.62 | -1.70 |

续表

| 材料 | 硬度感（X） | 体量感（Y） | 粗糙感（Z） |
|---|---|---|---|
| 陶瓷 | 1.07 | 0.70 | -0.87 |
| 橡胶 | -0.48 | 0.93 | 1.03 |
| 碳纤维 | 0.92 | 0.75 | -0.85 |
| 木材 | 0.09 | 0.23 | 0.24 |
| 皮革 | -1.00 | -0.05 | 0.77 |
| 塑料 | 0.08 | -0.90 | 0.02 |
| Alcantara | -1.13 | -1.02 | 1.57 |
| 布 | -1.58 | -1.55 | 1.57 |
| 玻璃 | 1.16 | -1.61 | -1.69 |
| 棉毛 | -1.86 | -1.92 | 1.83 |

每种材料样本硬度感、体量感和粗糙感的评价均值，见表4-14。样本的硬度感、体量感、粗糙感评价曲线见表4-15。

材料样本硬度感、体量感、粗糙感评价曲线　　　表4-15

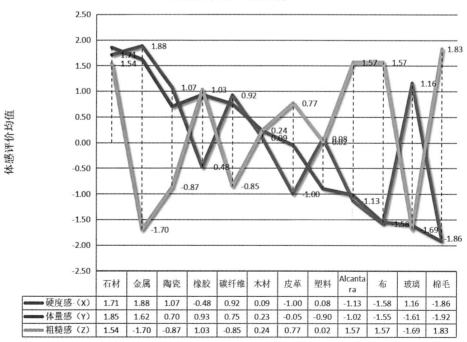

**材料样本体感评价均值**

| | 石材 | 金属 | 陶瓷 | 橡胶 | 碳纤维 | 木材 | 皮革 | 塑料 | Alcantara | 布 | 玻璃 | 棉毛 |
|---|---|---|---|---|---|---|---|---|---|---|---|---|
| 硬度感（X） | 1.71 | 1.88 | 1.07 | -0.48 | 0.92 | 0.09 | -1.00 | 0.08 | -1.13 | -1.58 | 1.16 | -1.86 |
| 体量感（Y） | 1.85 | 1.62 | 0.70 | 0.93 | 0.75 | 0.23 | -0.05 | -0.90 | -1.02 | -1.55 | -1.61 | -1.92 |
| 粗糙感（Z） | 1.54 | -1.70 | -0.87 | 1.03 | -0.85 | 0.24 | 0.77 | 0.02 | 1.57 | 1.57 | -1.69 | 1.83 |

## 1. 同一材料样本组内硬度感测试数据分析结果

**描述**

Alcantara

|   | N | 均值 | 标准差 | 标准误 | 均值的 95% 置信区间 下限 | 均值的 95% 置信区间 上限 | 极小值 | 极大值 |
|---|---|---|---|---|---|---|---|---|
| 1 | 30 | -.9667 | .85029 | .15524 | -1.2842 | -.6492 | -2.00 | .00 |
| 2 | 30 | -1.0333 | .85029 | .15524 | -1.3508 | -.7158 | -2.00 | .00 |
| 3 | 30 | -.9000 | .80301 | .14661 | -1.1998 | -.6002 | -2.00 | .00 |
| 4 | 30 | -.7667 | .77385 | .14129 | -1.0556 | -.4777 | -2.00 | .00 |
| 5 | 30 | -1.0333 | .76489 | .13965 | -1.3189 | -.7477 | -2.00 | .00 |
| 6 | 30 | -1.1000 | .71197 | .12999 | -1.3659 | -.8341 | -2.00 | .00 |
| 7 | 30 | -1.6333 | .61495 | .11227 | -1.8630 | -1.4037 | -2.00 | .00 |
| 8 | 30 | -1.6333 | .61495 | .11227 | -1.8630 | -1.4037 | -2.00 | .00 |
| 总数 | 240 | -1.1333 | .80202 | .05177 | -1.2353 | -1.0313 | -2.00 | .00 |

**ANOVA**

Alcantara

|  | 平方和 | df | 均方 | F | 显著性 |
|---|---|---|---|---|---|
| 组间 | 22.133 | 7 | 3.162 | 5.574 | .000 |
| 组内 | 131.600 | 232 | .567 | | |
| 总数 | 153.733 | 239 | | | |

图4-39  Alcantara 材料样本硬度感数据描述

以Alcantara材料样本为例，通过对比8个Alcantara样本硬度感数据显著性、均值差异，选取显著性最小的$A_6$样本（图4-39~图4-41）。

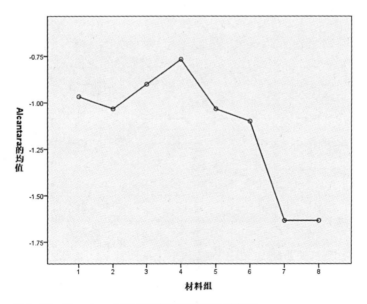

图4-40  Alcantara 材料样本硬度感数据分析结果

多重比较

Alcantara
Bonferroni

| (I)组 | (J)组 | 均值差(I-J) | 标准误 | 显著性 | 95% 置信区间 下限 | 95% 置信区间 上限 |
|---|---|---|---|---|---|---|
| 1 | 2 | .06667 | .19446 | 1.000 | -.5479 | .6812 |
| | 3 | -.06667 | .19446 | 1.000 | -.6812 | .5479 |
| | 4 | -.20000 | .19446 | 1.000 | -.8146 | .4146 |
| | 5 | .06667 | .19446 | 1.000 | -.5479 | .6812 |
| | 6 | .13333 | .19446 | 1.000 | -.4812 | .7479 |
| | 7 | .66667* | .19446 | .020 | .0521 | 1.2812 |
| | 8 | .66667* | .19446 | .020 | .0521 | 1.2812 |
| 2 | 1 | -.06667 | .19446 | 1.000 | -.6812 | .5479 |
| | 3 | -.13333 | .19446 | 1.000 | -.7479 | .4812 |
| | 4 | -.26667 | .19446 | 1.000 | -.8812 | .3479 |
| | 5 | .00000 | .19446 | 1.000 | -.6146 | .6146 |
| | 6 | .06667 | .19446 | 1.000 | -.5479 | .6812 |
| | 7 | .60000 | .19446 | .064 | -.0146 | 1.2146 |
| | 8 | .60000 | .19446 | .064 | -.0146 | 1.2146 |
| 3 | 1 | .06667 | .19446 | 1.000 | -.5479 | .6812 |
| | 2 | .13333 | .19446 | 1.000 | -.4812 | .7479 |
| | 4 | -.13333 | .19446 | 1.000 | -.7479 | .4812 |
| | 5 | .13333 | .19446 | 1.000 | -.4812 | .7479 |
| | 6 | .20000 | .19446 | 1.000 | -.4146 | .8146 |
| | 7 | .73333* | .19446 | .006 | .1188 | 1.3479 |
| | 8 | .73333* | .19446 | .006 | .1188 | 1.3479 |
| 4 | 1 | .20000 | .19446 | 1.000 | -.4146 | .8146 |
| | 2 | .26667 | .19446 | 1.000 | -.3479 | .8812 |
| | 3 | .13333 | .19446 | 1.000 | -.4812 | .7479 |
| | 5 | .26667 | .19446 | 1.000 | -.3479 | .8812 |
| | 6 | .33333 | .19446 | 1.000 | -.2812 | .9479 |
| | 7 | .86667* | .19446 | .000 | .2521 | 1.4812 |
| | 8 | .86667* | .19446 | .000 | .2521 | 1.4812 |
| 5 | 1 | -.06667 | .19446 | 1.000 | -.6812 | .5479 |
| | 2 | .00000 | .19446 | 1.000 | -.6146 | .6146 |
| | 3 | -.13333 | .19446 | 1.000 | -.7479 | .4812 |
| | 4 | -.26667 | .19446 | 1.000 | -.8812 | .3479 |
| | 6 | .06667 | .19446 | 1.000 | -.5479 | .6812 |
| | 7 | .60000 | .19446 | .064 | -.0146 | 1.2146 |
| | 8 | .60000 | .19446 | .064 | -.0146 | 1.2146 |
| 6 | 1 | -.13333 | .19446 | 1.000 | -.7479 | .4812 |
| | 2 | -.06667 | .19446 | 1.000 | -.6812 | .5479 |
| | 3 | -.20000 | .19446 | 1.000 | -.8146 | .4146 |
| | 4 | -.33333 | .19446 | 1.000 | -.9479 | .2812 |
| | 5 | -.06667 | .19446 | 1.000 | -.6812 | .5479 |
| | 7 | .53333 | .19446 | .184 | -.0812 | 1.1479 |
| | 8 | .53333 | .19446 | .184 | -.0812 | 1.1479 |
| 7 | 1 | -.66667* | .19446 | .020 | -1.2812 | -.0521 |
| | 2 | -.60000 | .19446 | .064 | -1.2146 | .0146 |
| | 3 | -.73333* | .19446 | .006 | -1.3479 | -.1188 |
| | 4 | -.86667* | .19446 | .000 | -1.4812 | -.2521 |
| | 5 | -.60000 | .19446 | .064 | -1.2146 | .0146 |
| | 6 | -.53333 | .19446 | .184 | -1.1479 | .0812 |
| | 8 | .00000 | .19446 | 1.000 | -.6146 | .6146 |
| 8 | 1 | -.66667* | .19446 | .020 | -1.2812 | -.0521 |
| | 2 | -.60000 | .19446 | .064 | -1.2146 | .0146 |
| | 3 | -.73333* | .19446 | .006 | -1.3479 | -.1188 |
| | 4 | -.86667* | .19446 | .000 | -1.4812 | -.2521 |
| | 5 | -.60000 | .19446 | .064 | -1.2146 | .0146 |
| | 6 | -.53333 | .19446 | .184 | -1.1479 | .0812 |
| | 7 | .00000 | .19446 | 1.000 | -.6146 | .6146 |

* 均值差的显著性水平为 0.05。

图4-41 Alcantara 材料样本硬度感多重比较

通过对比11个金属样本硬度感数据显著性、均值差异，选取显著性最小的 $J_{11}$。同样地，对橡胶、陶瓷、木材、皮革、塑料、玻璃和布料等其他材料样本进行各组内显著性、均值比较，经过分析分别选取了C10，J11，C3，X1，T2，W9，P2，S8，A6，B4，L5，B10，共12个材料样本进行不同材料间的硬度感对比。

## 2. 不同材料间的硬度感对比

材料组1-12顺序依次为"石材、金属、陶瓷、橡胶、碳纤维、木材、皮革、塑料、Alcantara、布、玻璃、棉毛"。

从多重比较显著性结果分析（数据见附录），显著性小、均值相近的组为，1、2组（石材、金属）；3、5、11组（陶瓷、碳纤维、玻璃）；6、8组（木材、塑料）；7、4、9组（橡胶、皮革、Alcantara）；10、12组（布料、棉毛），结合材料硬度感均值数据，得到材料的硬度体感评价等级，建立基于硬度体感评价维度的材料等级标准（图4-42、表4-16）。

**描述**

材料硬度感数据

| | N | 均值 | 标准差 | 标准误 | 均值的 95% 置信区间 | | 极小值 | 极大值 |
|---|---|---|---|---|---|---|---|---|
| | | | | | 下限 | 上限 | | |
| 1 | 30 | 1.6667 | .47946 | .08754 | 1.4876 | 1.8457 | 1.00 | 2.00 |
| 2 | 30 | 1.8667 | .34575 | .06312 | 1.7376 | 1.9958 | 1.00 | 2.00 |
| 3 | 30 | 1.0333 | .85029 | .15524 | .7158 | 1.3508 | .00 | 2.00 |
| 4 | 30 | -.4333 | .77385 | .14129 | -.7223 | -.1444 | -2.00 | 1.00 |
| 5 | 30 | 1.1333 | .68145 | .12441 | .8789 | 1.3878 | .00 | 2.00 |
| 6 | 30 | .0667 | .90719 | .16563 | -.2721 | .4054 | -1.00 | 1.00 |
| 7 | 30 | -.8000 | .80516 | .14700 | -1.1007 | -.4993 | -2.00 | 1.00 |
| 8 | 30 | .0667 | .69149 | .12625 | -.1915 | .3249 | -1.00 | 1.00 |
| 9 | 30 | -1.1000 | .71197 | .12999 | -1.3659 | -.8341 | -2.00 | .00 |
| 10 | 30 | -1.6000 | .49827 | .09097 | -1.7861 | -1.4139 | -2.00 | -1.00 |
| 11 | 30 | 1.1333 | .77608 | .14169 | .8435 | 1.4231 | .00 | 2.00 |
| 12 | 30 | -1.9000 | .30513 | .05571 | -2.0139 | -1.7861 | -2.00 | -1.00 |
| 总数 | 360 | .0944 | 1.39716 | .07364 | -.0504 | .2393 | -2.00 | 2.00 |

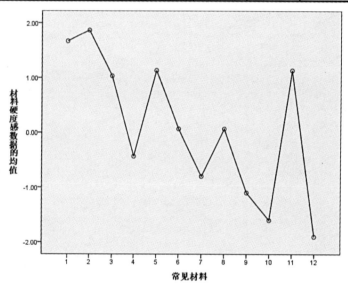

图4-42　各材料样本组间硬度感多重比较

材料的硬度体感评价等级　　　　　　　　表4-16

| 硬度 | 材料 | 等级 |
|---|---|---|
| 坚硬 | 石材、金属 | 5 |
| 较硬 | 陶瓷、碳纤维、玻璃 | 4 |
| 中等硬度 | 木材、塑料 | 3 |
| 较软 | 橡胶、皮革、Alcantara | 2 |
| 极柔软 | 布料、棉毛 | 1 |

### 3. 各材料样本体量感测试数据分析（数据结果见附录）

从体量感数据多重比较显著性结果分析，显著性小、均值相近的组为，1、2组（石材、金属）；5、3、4组（陶瓷、橡胶、碳纤维）；7、6组（皮革、木材）；8、9组（塑料、Alcantara）；10、11、12组（布料、玻璃、棉毛），结合材料体量感均值数据，得到材料的体量感评价等级，建立基于体量感评价维度的材料等级标准（表4-17）。

材料的体量感评价等级 　　　　　　　　　　表4-17

| 重量 | 材料 | 等级 |
|---|---|---|
| 极重 | 石材、金属 | 5 |
| 较重 | 陶瓷、橡胶、碳纤维 | 4 |
| 中等重量 | 皮革、木材 | 3 |
| 较轻 | 塑料、Alcantara | 2 |
| 极轻 | 布料、玻璃、棉毛 | 1 |

### 4. 各材料样本粗糙感测试数据分析结果

从材料粗糙感数据的显著性结果分析，显著性小、均值相近的组为，1、9、11、12组（石材、Alcantara、布料、棉毛）；4、7组（橡胶、皮革）；6、8组（木材、塑料）；5、3组（碳纤维、陶瓷）；2、11组（金属、玻璃），结合材料粗糙感均值数据，得到材料的粗糙感体感评价等级，建立基于粗糙度体感评价维度的材料等级标准（表4-18）。

材料的粗糙度/光泽度评价等级 　　　　　　　　表4-18

| 粗糙度/光泽度 | 材料 | 等级 |
|---|---|---|
| 极粗糙 | 石材、Alcantara、布料、棉毛 | 5 |
| 较粗糙 | 橡胶、皮革 | 4 |
| 中等粗糙度 | 木材、塑料 | 3 |
| 较光滑 | 碳纤维、陶瓷 | 2 |
| 光滑 | 金属、玻璃 | 1 |

## 5. 建立材料样本体感意象尺度空间（图4-43、图4-44）

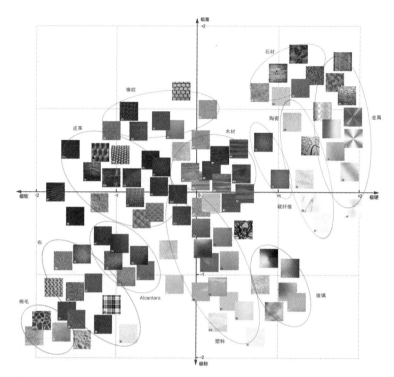

图4-43　测试材料组硬度感、体量感意象尺度图

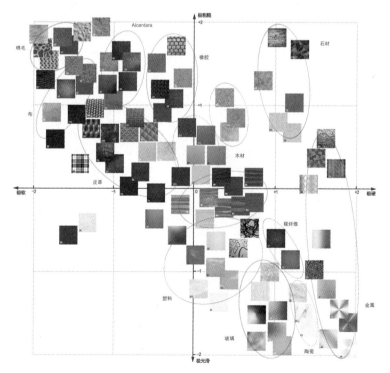

图4-44　测试材料组硬度感、粗糙感意象尺度图

### 4.3.4 基于体感评价特征的表面处理工艺等级标准

对于表面处理工艺要素来讲，其优先级最高的体感特征为粗糙/光泽感，其次是硬度感和温度感特征。对选取的汽车内饰表面处理工艺样本（图4-45）逐一进行体感评价（表4-19），根据材料与工艺体感意向度调查结果，表面处理工艺的粗糙度/光泽度体感、硬度体感和温度体感的五级划分结果见表4-22~表4-24。

在材质体感评价意向度调查实验中，采用高清材质照片与材料、工艺真实样本相结合，让被测者能够触摸材质表面纹理以体现材质对象的粗糙感、硬度和温度的真实手感。对于表面处理工艺要素而言，粗糙感的优先级别最高，其次是硬度感，最后是温度感。

表面处理工艺的体感评价维度调查样例　　　　表4-19

针对"金属拉丝"材质，你的评价是：

| | 体感评价 | | | | | | | | | | | | | | |
|---|---|---|---|---|---|---|---|---|---|---|---|---|---|---|---|
| | 极光滑----→极粗糙 | | | | | 极冷----→极暖 | | | | | 极软----→极硬 | | | | |
| | -2 | -1 | 0 | +1 | +2 | -2 | -1 | 0 | +1 | +2 | -2 | -1 | 0 | +1 | +2 |
| | | | | | | | | | | | | | | | |
| 编号：（LS-J1） | 关键特征（粗糙感、硬度感、温度感，每个特征勾选1项） | | | | | | | | | | | | | | |

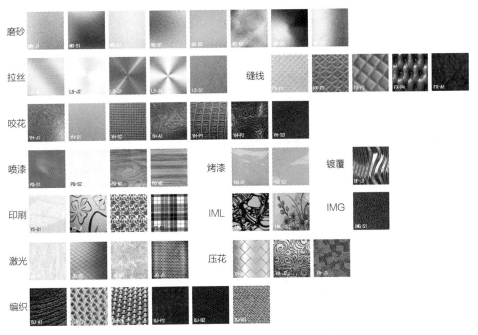

图4-45　测试工艺样本分类及编号

选取汽车内饰各表面处理工艺样本共13种，52个，体感评价均值数据结果见表4-20、表4-21。

表面处理工艺样本三维体感评价　　　　　　表4-20

| 表面处理工艺 | 粗糙感（X） | 硬度感（Y） | 温度感（Z） |
|---|---|---|---|
| 压花 | 1.91 | 1.92 | -0.89 |
| 编织 | 1.91 | -1.83 | 1.91 |
| 缝线 | 1.89 | -1.81 | 1.86 |
| 激光 | 1.68 | 1.84 | -1.08 |
| IMG | 0.90 | -1.10 | 1.73 |
| 咬花 | 1.07 | -0.92 | 1.61 |
| 印刷 | 0.08 | 0.04 | 0.93 |
| IML | -0.22 | 0.90 | 0.92 |
| 拉丝 | -0.98 | 1.82 | -1.81 |
| 喷漆 | -0.88 | -0.06 | -0.33 |
| 磨砂 | 0.11 | 0.07 | 0.14 |
| 镀覆 | -1.90 | 1.87 | -1.93 |
| 烤漆 | -1.80 | 1.18 | -1.10 |

工艺样本三维体感评价均值曲线　　　　　　表4-21

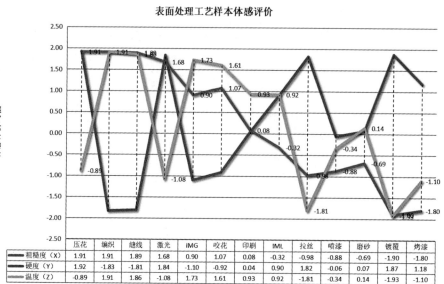

表面处理工艺样本体感评价

| | 压花 | 编织 | 缝线 | 激光 | IMG | 咬花 | 印刷 | IML | 拉丝 | 喷漆 | 磨砂 | 镀覆 | 烤漆 |
|---|---|---|---|---|---|---|---|---|---|---|---|---|---|
| 粗糙度（X） | 1.91 | 1.91 | 1.89 | 1.68 | 0.90 | 1.07 | 0.08 | -0.32 | -0.98 | -0.88 | -0.69 | -1.90 | -1.80 |
| 硬度（Y） | 1.92 | -1.83 | -1.81 | 1.84 | -1.10 | -0.92 | 0.04 | 0.90 | 1.82 | -0.06 | 0.07 | 1.87 | 1.18 |
| 温度（Z） | -0.89 | 1.91 | 1.86 | -1.08 | 1.73 | 1.61 | 0.93 | 0.92 | -1.81 | -0.34 | 0.14 | -1.93 | -1.10 |

对表面处理工艺样本进行粗糙感数据分析,组1-13顺序依次为"压花（YA）、编织（BJ）、缝线（FX）、激光（JG）、IMG（IMG）、咬花（YH）、印刷（YS）、IML（IML）、拉丝（LS）、喷漆（PQ）、磨砂（MS）、镀覆（DF）、烤漆（KQ）"。

从粗糙感数据结果显著性分析,显著性小、均值相近的组为,1、2、3、4组；5、6组；7、8、11组；9、10组；12、13组；结合表面处理工艺粗糙感均值数据,建立基于粗糙度体感评价维度的表面处理工艺等级标准（表4-22）。

表面处理工艺的粗糙度／光泽度等级　　　　　　　表4-22

| 粗糙度/光泽度 | 表面处理工艺 | 等级 |
|---|---|---|
| 极粗糙 | 压花、编织、缝线、激光（雕刻、打孔） | 5 |
| 较粗糙 | IMG、咬花 | 4 |
| 中等粗糙度 | 印刷（丝印、移印、水转印）、IML、磨砂 | 3 |
| 较光滑 | 拉丝、喷漆 | 2 |
| 光滑 | 镀覆、烤漆 | 1 |

从表面处理工艺硬度感数据结果显著性分析,显著性小、均值相近的组为,1、4、9、12组；2、3组；5、6组；7、10、11组；8、13组；结合表面处理工艺硬度感均值数据,建立基于硬度体感评价维度的表面处理工艺等级标准（表4-23）。

表面处理工艺的硬度等级　　　　　　　表4-23

| 硬度 | 表面处理工艺 | 等级 |
|---|---|---|
| 坚硬 | 镀覆、拉丝、压花、激光（雕刻） | 5 |
| 较硬 | 烤漆 、IML | 4 |
| 中等硬度 | 水转印、喷漆、磨砂 | 3 |
| 较软 | IMG、咬花 | 2 |
| 极柔软 | 编织、缝线 | 1 |

从表面处理工艺温度感数据结果显著性分析,显著性小、均值相近的组为,2、3、5、6组；4、1、13组；7、8组；9、12组；10、11组；结合表面处理工艺温度感均值数据,建立基于温度体感评价维度的表面处理工艺等级标准（表4-24）。

建立表面处理工艺体感维度空间尺度，如图4-46、图4-47所示。

| 温度 | 表面处理工艺 | 等级 |
|---|---|---|
| 极暖 | 咬花、IMG、编织、缝线 | 5 |
| 暖 | 水转印、IML | 4 |
| 中等温度 | 喷漆、磨砂 | 3 |
| 冷 | 烤漆、压花、激光（雕刻） | 2 |
| 极冷 | 拉丝、镀覆 | 1 |

表面处理工艺的温度等级　　表4-24

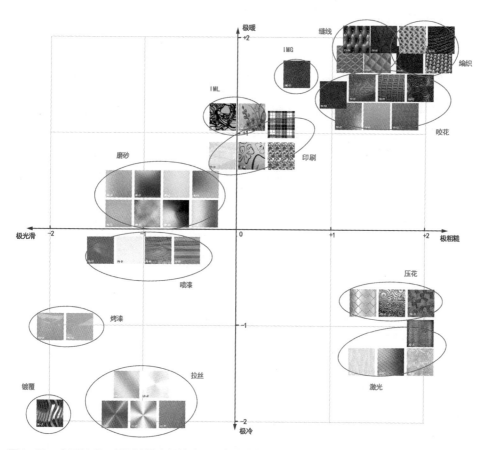

图4-46　表面处理工艺测试样本粗糙感、温度感意象尺度图

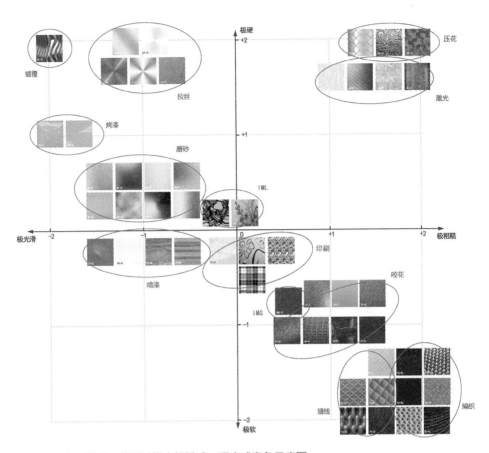

图4-47 表面处理工艺测试样本粗糙感、硬度感意象尺度图

## 4.3.5 汽车用户典型情感意象材质推理规则

### 1. 材质感性设计推理规则

根据共轭分析，用户情感意象与材质CMF要素之间存在相关性，通过体感评价特征（中介）建立二者之间的关联。

根据前文的分析，情感特征$C_{qgtz}$，可以描述为：

$$C_{qgtz} = \left\{ 感性风格意象（视觉），体感评价特征（触觉，味觉，听觉，\cdots）\right\}$$

$$= \begin{cases} C_{gxyx} = \left\{ 动感时尚，简洁实用，优雅奢华，商务科技，\cdots \right\} \\ C_{tgpj} = \left\{ 粗糙感/光泽感，温度感，体量感，硬度感，\cdots \right\} \end{cases}$$

前文经过汽车用户需求的情感意象、体感的词汇搜集、拓展、收敛，获取奢华、简洁、商务、动感四类典型的情感意象，体感评价特征聚焦在粗糙感/光泽感、温度感、体量感、硬度感四个方面。

关键体感评价特征的标准：

$$(C_{体感评价特征}, v_E) = \begin{bmatrix} 温度, & 极冷，较冷，中等温度，较暖，极暖 \\ 硬度, & 极软，较软，中等硬度，较硬，极硬 \\ 粗糙度/光泽度, & 极粗糙，较粗糙，中等粗糙，较光滑，极光滑 \\ \vdots & \vdots \\ 体量, & 极轻，较轻，中等体量，较重，极重 \end{bmatrix}$$

典型情感意象材质，可表述为，特定情感意象，关于体感评价特征模型为：

$$M_E = (\{情感意象\}, c_{tgE}, v_{tgE}) = \begin{bmatrix} \{情感意象\}, & 温度感, & v_{E1} \\ & 硬度感, & v_{E2} \\ & 粗糙感/光泽感, & v_{E3} \\ & 体量感, & v_{E4} \end{bmatrix}$$

$$v_{E1} \hat{\approx} \begin{cases} C_{E1} = \begin{bmatrix} \{色彩C\}, & H, & <0,360°> \\ & S, & <0,100\%> \\ & B, & <0,100\%> \end{bmatrix} \\ M_{E1} = \begin{bmatrix} \{材料M\}, & 金属, & v_{E11} \\ & 塑料, & v_{E12} \\ & \vdots & \vdots \\ & 皮革, & v_{E1n} \end{bmatrix} \\ F_{E1} = \begin{bmatrix} \{表面处理工艺F\}, & 拉丝, & v_{E11} \\ & 喷砂, & v_{E12} \\ & 压印, & v_{E13} \\ & INS, & v_{E14} \\ & \vdots & \vdots \\ & IML, & v_{E1n} \end{bmatrix} \end{cases} \quad (4.1)$$

通过用户情感—体感评价值—材质特征元建立"意象—材质要素"关联，四类意象情感，其CMF材质表征，可拓学模型描述如下（以商务科技感为例）：

$$M'_{商务科技} = (O_{m3}, c_{m3}, v_{m3}) = \begin{bmatrix} O_{m3}, & 温度, & v_{m31} \\ & 硬度, & v_{m32} \\ & 粗糙度/光泽度, & v_{m33} \\ & \vdots & \vdots \\ & 体量, & v_{m3n} \end{bmatrix}$$

$$= \begin{bmatrix} O_{m3}, & 温度, & \{极冷；冷；中等温度\} \\ & 硬度, & \{坚硬；较硬；中等硬度\} \\ & 粗糙度/光泽度, & \{极光滑；较光滑；中等粗糙\} \\ & \vdots & \vdots \\ & 体量, & \{沉重；较重；极轻\} \end{bmatrix}$$

$$\approx \begin{cases} C_{E3} = \begin{bmatrix} \{色彩C\}, & H, & <105°,315°> \\ & S, & <41\%,100\%> \\ & B, & <0,40\%> \end{bmatrix} \\ M_{E3} = \{材料M\} = \{金属, 碳纤维, 玻璃, 陶瓷, 塑料\} \\ F_{E3} = \{表面处理工艺F\} = \{拉丝, 镀覆, 烤漆, 磨砂, 喷涂\} \end{cases} \qquad (4.2)$$

对每个体感评价特征的CMF数据结果取扩缩、置换和交集等运算,初步得到各典型情感意象的CMF量化范围。如动感时尚类情感意象材质,色彩(C)的取值范围是,H(15°~45°,135°~285°)S(0~40%,61%~80%)B(21%~80%),材料(M)包括Alcantara、皮革、布料、碳纤维、陶瓷,表面处理工艺(F)包括编织、激光(打孔)、缝线、IMG、咬花和拉丝。经过可拓学运算,可产生如下方案:

$$TM_{动感1} = Alcantara \oplus 缝线 \oplus HSB (30°,65\%,40\%) \Rightarrow M'_{动感1}$$

$$TM_{动感2} = 皮革 \oplus 编织 \oplus 缝线 HSB (140°,65\%,40\%) \Rightarrow M'_{动感2}$$

......

优雅奢华类情感意象材质,色彩(C)的取值范围,H(0~135°,285°~360°)S(21%~80%)B(0~60%),材料(M)包括皮革、木材、橡胶,表面处理工艺(F)包括IMG、咬花、喷涂(喷漆)和磨砂。运算后可以得出:

$$TM_{奢华1} = 木材 \oplus 喷涂 HSB (10°,70\%,40\%) \Rightarrow M'_{奢华1}$$

$$TM_{奢华2} = 橡胶 \oplus IMG \oplus HSB (130°,70\%,20\%) \Rightarrow M'_{奢华2}$$

......

商务类情感意象材质,色彩(C)的取值范围,H(105~315)S(41~100)B(0~40,80~100),材料(M)包括金属、碳纤维、玻璃、陶瓷、塑料,表面处理工艺(F)包括拉丝、镀覆(镀铬)、烤漆、喷涂(喷漆)和磨砂。运算后可以得出:

$$TM_{商务1} = 金属 \oplus 拉丝 \oplus HSB (105°,80\%,80\%) \Rightarrow M'_{商务1}$$

$$TM_{商务1} = 金属 \oplus 磨砂 \oplus HSB (105°,90\%,90\%) \Rightarrow M'_{商务1}$$

......

简洁实用类情感意象材质,色彩(C)的取值范围,H(0~135°,285°~360°)S(0~60%)B(41%~100%),材料(M)包括布料、Alcantara、塑料、皮革、木材,表面处理工艺(F)包括印刷(水转印)、IML、IMG、咬花、编织、激光(打孔)和缝线。运算后可以得出:

$$TM_{简洁1} = 布料 \oplus 印刷 \oplus HSB (40°,50\%,60\%) \Rightarrow M'_{简洁1}$$

$$TM_{简洁1} = 塑料 \oplus IML \oplus HSB (300°,40\%,80\%) \Rightarrow M'_{简洁1}$$

......

通过体感评价特征，建立用户情感意象与产品材质要素的关联。经过运算，可以生成大量的基于特定情感意象的材质要素组合可拓集。更多变换方案可拓模型，可以得到如下结果：

$$M'_{科技商务1}=(O_{m11},c_{m11},v_{m11})=\begin{bmatrix}材质O_{m11}, & 色彩C_{m11}, & HSB(190°,80\%,10\%)\\ & 材料M_{m11}, & 金属\\ 表面处理工艺F_{m11}, & & 拉丝\end{bmatrix};$$

$$M'_{科技商务2}=(O_{m12},c_{m12},v_{m12})=\begin{bmatrix}材质O_{m12}, & 色彩C_{m12}, & HSB(190°,80\%,10\%)\\ & 材料M_{m12}, & 玻璃\\ 表面处理工艺F_{m12}, & & 磨砂\end{bmatrix};$$

$$M'_{科技商务3}=(O_{m13},c_{m13},v_{m13})=\begin{bmatrix}材质O_{m13}, & 色彩C_{m13}, & HSB(190°,80\%,10\%)\\ & 材料M_{m13}, & 碳纤维\\ 表面处理工艺F_{m13}, & & 喷涂\end{bmatrix}$$

以此类推，通过引入体感评价特征，实现了从情感意象到产品材质的正向推理。

基于现有材质要素CMF方案，应用关键体感评价标准，对用户情感意象进行逆向推理，判断方法类似，不再赘述。

## 2."体感—材质"，"意象—体感"关联模型

经过前文分析，四类典型用户情感意象（包括动感、奢华、科技、简洁等），通过温度、粗糙度、硬度和体量体感评价特征，与材质要素建立了初步关联。经专家评议，明确体感关键特征和材质要素（CMF）的关联："粗糙感/光泽感、硬度感、温度感、体量感"，分别建立关键特征五级语义差异标准量表。温度$V_{E1}$的材质等级范围见表4-25。

温度等级CMF要素标准　　　　　　　表4-25

| | 极冷（1） | 冷（2） | 中等温度（3） | 暖（4） | 极暖（5） |
|---|---|---|---|---|---|
| C | H（195°~225°）SB | H（135°~195°，225°~285°）SB | H（105°~135°，285°~315°）SB | H（0~15°，45°~105°，315°~360°）SB | H（15°~45°）SB |
| M | 金属 | 碳纤维、玻璃、陶瓷 | 塑料 | 木材、皮革 | 布料、Alcantara |
| F | 拉丝、镀铬、打磨、压花 | 烤漆 | 塑料喷漆 | 水转印、IML | 咬花、IMG |

$$v_{E2} \simeq \begin{cases} C_{E2} = \begin{bmatrix} \{色彩C\}, & H, & <0,360^o> \\ & S, & <0,100\%> \\ & B, & <0,100\%> \end{bmatrix} \\ M_{E2} = \begin{bmatrix} \{材料M\}, & 金属, & v_{E21} \\ & 塑料, & v_{E22} \\ & \vdots & \vdots \\ & 皮革, & v_{E2n} \end{bmatrix} \\ F_{E2} = \begin{bmatrix} \{表面处理工艺F\}, & 拉丝, & v_{E21} \\ & 喷砂, & v_{E22} \\ & 压印, & v_{E23} \\ & INS, & v_{E24} \\ & \vdots & \vdots \\ & IML, & v_{E2n} \end{bmatrix} \end{cases} \quad (4.3)$$

硬度$V_{E2}$的材质等级范围见表4-26。

硬度等级CMF要素标准 　　　　表4-26

| | 非常柔软（1） | 较软（2） | 中等硬度（3） | 较硬（4） | 坚硬（5） |
|---|---|---|---|---|---|
| C | HS（0~20%）B | HS（20%~40%）B | HS（40%~60%）B | HS（60%~80%）B | HS（80%~100%）B |
| M | 布料 | 皮革、Alcantara | 木材、塑料 | 碳纤维、玻璃 | 陶瓷、金属 |
| F | IMG | 咬花 | 水转印、IML、喷漆 | 烤漆 | 电镀、拉丝、打磨、压花 |

$$v_{E3} \simeq \begin{cases} C_{E3} = \begin{bmatrix} \{色彩C\}, & H, & <0,360^o> \\ & S, & <0,100\%> \\ & B, & <0,100\%> \end{bmatrix} \\ M_{E3} = \begin{bmatrix} \{材料M\}, & 金属, & v_{E31} \\ & 塑料, & v_{E32} \\ & \vdots & \vdots \\ & 皮革, & v_{E3n} \end{bmatrix} \\ F_{E3} = \begin{bmatrix} \{表面处理工艺F\}, & 拉丝, & v_{E31} \\ & 喷砂, & v_{E32} \\ & 压印, & v_{E33} \\ & INS, & v_{E34} \\ & \vdots & \vdots \\ & IML, & v_{E3n} \end{bmatrix} \end{cases} \quad (4.4)$$

粗糙度$V_{E3}$的材质等级范围见表4-27。

粗糙度/光泽度等级CMF要素标准 表4-27

| | 极光滑（1） | 较光滑（2） | 中等粗糙（3） | 较粗糙（4） | 极粗糙（5） |
|---|---|---|---|---|---|
| C | — | — | — | — | — |
| M | 玻璃、金属 | 碳纤维、陶瓷 | 塑料 | 橡胶、皮革 | Alcantara、布料、木材 |
| F | 镀铬、烤漆 | IML、水转印 | 喷漆、拉丝、打磨 | IMG | 压花、咬花 |

$$v_{E4} \hat{\approx} \begin{cases} C_{E4} = \begin{bmatrix} \{\text{色彩}C\}, & H, & <0,360^o> \\ & S, & <0,100\%> \\ & B, & <0,100\%> \end{bmatrix} \\ M_{E4} = \begin{bmatrix} \{\text{材料}M\}, & \text{金属}, & v_{E41} \\ & \text{塑料}, & v_{E42} \\ & \vdots & \vdots \\ & \text{皮革}, & v_{E4n} \end{bmatrix} \\ F_{E4} = \begin{bmatrix} \{\text{表面处理工艺}F\}, & \text{拉丝}, & v_{E41} \\ & \text{喷砂}, & v_{E42} \\ & \text{压印}, & v_{E43} \\ & INS, & v_{E44} \\ & \vdots & \vdots \\ & IML, & v_{E4n} \end{bmatrix} \end{cases} \quad (4.5)$$

体量$V_{E4}$的材质等级范围见表4-28。

体量等级CMF要素标准 表4-28

| | 极轻（1） | 较轻（2） | 中等体量（3） | 较重（4） | 沉重（5） |
|---|---|---|---|---|---|
| C | HSB（80%~100%） | HSB（60%~80%） | HSB（40%~60%） | HSB（20%~40%） | HSB（0~20%） |
| M | 玻璃 | 木材、塑料 | 皮革、布料、Alcantara | 陶瓷、橡胶、碳纤维 | 金属 |
| F | — | — | — | — | — |

由本书4.2.5章节"表4-7四类意象体感意向度调查结果"，得出的典型情感意象与关键体感特征的关联，建立四个"典型意象—体感评价"特征模型：

$$M_{动感时尚} = (O_{m1},\ c_{m1},\ v_{m1}) = \begin{bmatrix} 动感时尚\,O_{m1}, & 温度, & v_{m11} \\ & 硬度, & v_{m12} \\ & 粗糙度/光泽度, & v_{m13} \\ & \vdots & \vdots \\ & 体量, & v_{m1n} \end{bmatrix} \quad (4.6)$$

$$M_{优雅奢华} = (O_{m2},\ c_{m2},\ v_{m2}) = \begin{bmatrix} O_{m2}, & 温度, & v_{m21} \\ & 硬度, & v_{m22} \\ & 粗糙度/光泽度, & v_{m23} \\ & \vdots & \vdots \\ & 体量, & v_{m2n} \end{bmatrix} \quad (4.7)$$

$$M_{商务科技} = (O_{m3},\ c_{m3},\ v_{m3}) = \begin{bmatrix} O_{m3}, & 温度, & v_{m31} \\ & 硬度, & v_{m32} \\ & 粗糙度/光泽度, & v_{m33} \\ & \vdots & \vdots \\ & 体量, & v_{m3n} \end{bmatrix} \quad (4.8)$$

$$M_{简洁实用} = (O_{m4},\ c_{m4},\ v_{m4}) = \begin{bmatrix} O_{m4}, & 温度, & v_{m41} \\ & 硬度, & v_{m42} \\ & 粗糙度/光泽度, & v_{m43} \\ & \vdots & \vdots \\ & 体量, & v_{m4n} \end{bmatrix} \quad (4.9)$$

对典型意象汽车内饰产品对应的材质要素进行运算和拓展（如每个体感内部取前三个区间相加，各个体感间相交运算），动感（时尚）类车型在材料上，基于粗糙感（极粗糙、较粗糙、较光滑三个区间）可行材料包括Alcantara、皮革、木材；橡胶、布料；碳纤维、陶瓷等，基于体量（较轻、中等体量、较重）得到材料包括布料、Alcantara；皮革、木材；陶瓷、橡胶、碳纤维，基于温度（极暖、极冷、冷）的材料包括布料、Alcantara、皮革、金属、碳纤维、玻璃、陶瓷等，基于硬度（非常柔软、较软、较硬）的材料包括布料、皮革、Alcantara、玻璃、陶瓷、碳纤维等。

在表面处理工艺上，基于粗糙度（极粗糙、较粗糙、较光滑三个区间）可行的工艺方案压花、编织、激光（打孔）、缝线、IMG、咬花、拉丝、喷涂（喷漆）和磨砂等；基于温度（极暖、极冷、冷）可行的工艺包括咬花、IMG、编织、激光（打孔）、缝线、拉丝、镀覆（镀铬）、烤漆和压花；同样的，基于硬度（非常柔软、较软、较硬），采取编织、缝线和激光（打孔）、IMG、咬花、喷涂（喷漆）、拉丝和磨砂等工艺。

在色彩上，基于体量（较轻、中等体量、较重三个区间）的色彩范围以明度为准，为HSB（21%~80%）；基于温度（极暖、极冷、冷三个区间）的色彩范围，以色相为准，为H（15°~45°，135°~285°）SB；基于硬度（非常柔软、较软、较硬）的色彩范围以纯度为准，为HS（0~40%，61%~80%）B 。设计人员根据具体设计要求和实际情况，通过选择相应的运算方法，得到多种材质感性设计方案。

# 4.4　本章小结

本章研究面向用户情感的材质设计知识获取及材质体感评价的方法，建立用户情感意象与材质要素的可拓推理规则，研究了如下内容。

首先，以汽车内饰材质设计为例，通过网络调查、田野调查，文献查找和资料挖掘，搜集大量用户情感意象词汇以及汽车内饰样本，建立情感语义维度空间、体感评价语义空间、产品样本资料库和产品材质库。

其次，解构产品材质基本元素，提出建立产品材质要素（CMF）和用户情感意象（心理、生理）相关性的关键体感评价特征（粗糙感、硬度感、温度感、体量感）。通过语义差异法（SD法）、卡片分类法（KJ法）和形态分析法等，获取用户的感性量，初步建立典型情感意象与体感特征的关联。

再次，通过材料、工艺样本各体感数据的多重比较，以及显著性和均值等分析，建立基于体感评价关键特征的材质CMF要素统一评价标准。

最后，基于体感评价特征，建立材质—感性设计之间的可拓关联准则。

本研究中，典型意象材质样本、材料、表面处理工艺样本搜集量较大，综合研究，统一解构、提取和分析数据，避免了传统感性工学研究中各意象风格取单一样本量不具备代表性的弊端。综合研究，结合多重比较的数据，对材质的认知更全面，结果更客观。

由典型用户意象建立统一体感特征量值范围，再由体感评价映射到材质各组成要素上，避免了以往从意象到材质要素直接映射的弊端，增大了设计创新的可能性。在映射过程中，材质各要素的优先级上，材料的优先级最高，其次是表面处理工艺，最后是色彩。每个要素根据各自的体感特征特点，建立各自的三维体感维度，尽量避免体感数据出现空洞。对于材料要素，优先级别最高的是硬度感，其次是体量感，最后是粗糙感；表面处理工艺要素，优先级最高的是粗糙感，其次是硬度感，最后是温度感；色彩要素，优先级最高的是温度感，其次是体量感，最后是硬度感。

第 5 章

# 汽车内饰材质感性设计方案自动生成系统开发

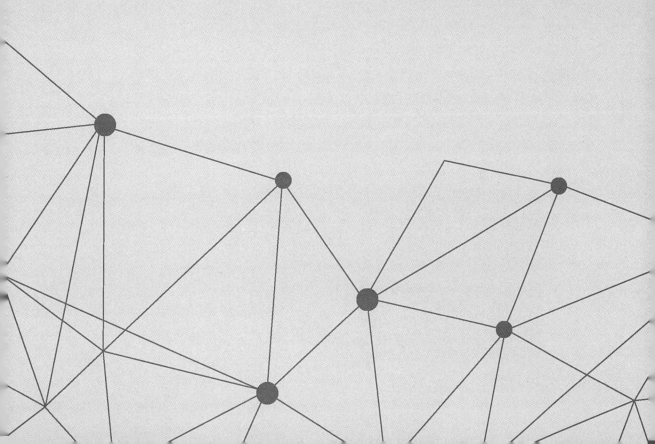

## 5.1 系统设计

本章利用Uinty平台和C#技术,MySQL 数据库,建立材质感性设计方案自动生成专家系统,通过用户输入的情感意象自动生成汽车内饰的材质设计方案,以及通过输入的材质要素组合,判断可能引发的用户情感意象。

### 5.1.1 系统开发平台介绍

本系统的开发设计是在Unity 3D平台完成的。Unity 3D是丹麦Unity Technologies公司开发的一个全面整合三维场景、动画效果、可视化等的专业引擎。它具有强大的跨平台开发特性,支持Windows、MAC OS等操作系统。其简单易用的多媒体编辑模式、高效的开发组件、强大的图像渲染功能可以将制作的系统轻松地发布在个人PC、网页和手机等当今主流平台上。同时,Unity 3D提供资源预览窗口,在开发材质感性设计生成系统时,见图5-1,可以快速地找到所需资源,Unity内建的分析器可以充分统计系统开发时的问题,快速调整绘图、渲染和三维形貌等。

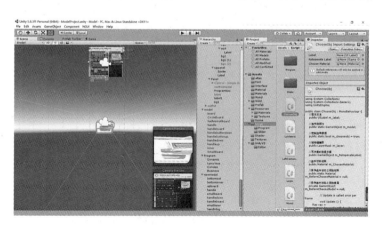

图5-1 Unity 3D系统开发平台

## 5.1.2 主要功能模块的设计

产品材质感性设计方案生成系统，主要包括用户情感意象模块、体感评价特征模块、产品材质三要素模块、三维模型等基础模块。根据用户输入的目标意象（材质），对输入信息进行提取，分析用户输入的语义，得到意象方案的需求（图5-2）。

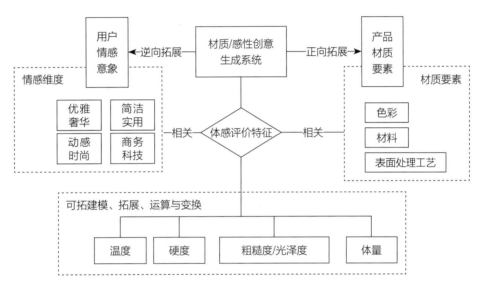

图5-2 系统基本功能框架

在对语义信息抽取中，共有3种组件，语言组件（LR）、处理组件（PR）和可视化组件（VR）。在AllType.cs对这些组件进行声明，提取出方案的关键参数。系统在通过管道调用PR时，会首先读入AllType.cs文件，然后获取针对每个PR的描述和数据，将数据可视化展现在VR界面上，实现设计方案与情感词汇的输出（表5-1）。

基础模块  表5-1

| 模块名称 | 输入 | 输出 |
| --- | --- | --- |
| 汽车内饰建模 | 汽车内饰车门侧板三维模型 | 模型表面分割基础零部件 |
| 情感维度 | 典型情感意象词汇 | 体感特征、CMF要素组合方案 |
| 材质要素 | 材料、表面处理工艺要素 | 可能引发的情感词汇 |
| 评价 | 材质三要素方案 | 评价分值 |
| 可视化UI模块 | 材质方案 | 可视化呈现 |

## 1. 方案可视化系统UI模块

采用Uinty引擎特性，在引擎中实现数据的可视化，将可拓模型的变换直观地展现给用户，方案和数据自动（或自主）进行筛选和评价，方便用户对比不同的设计结果（图5-3）。

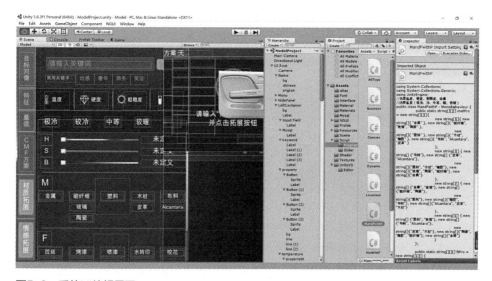

图5-3　系统UI编辑界面

根据可拓学四步法解决问题流程，从"目标、条件、拓展、变换和评价"几个模块进行设计，输入用户期望的情感意象，进行拓展，由体感评价特征值，通过运算、变换，输出CMF设计方案。用户主界面如图5-4所示。

图5-4　用户主界面设计

在进行用户界面的设计时，除了要考虑界面需要实现的功能模块外，还需要充分考虑到界面的简洁、清晰、友好和美观。

### 2. 知识库模块

设计知识库，建立各个属性模块及功能模块需要用到的数据库，方便调用。主要包括：记录现有的方案及组件的蕴含信息的方案库；记录功能信息的功能库；记录虚部产品信息的虚部库（用户情感意象信息）；记录硬部产品信息的实部库（产品材质要素信息，材质库、模型库）；记录中介部产品信息的虚实中介库（关键特征要素信息）；记录相关组件信息的相关库；关联函数库记录关联函数信息。

### 3. 关键体感特征模块

体感特征是建立实部、虚部相关性的关键特征，根据公式4.16~公式4.20，温度、硬度、粗糙度、体量每个关键体感特征，与材质要素以及情感意象建立的关联，进行复制、替换和相交等运算，获得材质方案和可能引发的情感意象方案。

## 5.1.3 系统架构

Unity的系统框架采用MVVM架构（即Model-View-ViewModel）（图5-5）搭建整个创新系统，其中，M-Model指实体模型（biz/bean）；V-View指布局文件（XML）；VM-ViewModel是DataBinding所在之处，对外暴露出公共属性，View和Model的绑定器。

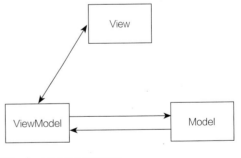

图5-5 MVVM架构模型

MVVM架构的特点是将其中的View的状态和行为抽象化，将视图UI和业务逻辑分开，开发人员可以专注于业务逻辑和数据的开发（ViewModel），设计人员可以专注于页面设计，使用Expression Blend可以很容易设计界面并生成xml代码。通过用户对意向方案的需要，采用gate框架进行语义分析，建立可拓学模型，采用菱形思维的模式，对模型进行拓展变换，最后利用评价算法对创新生成的产品进行评价选择较优组合，系统整体设计流程如图5-6所示。

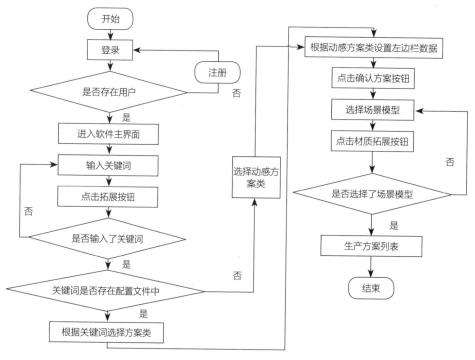

图5-6　软件整体流程图

## 5.2　系统主要技术实现

技术实现是通过unity与mysql交互的方式，通过外部类库导入unity，使得可以在程序中使用mysql数据库接口。使用数据库实现保存用户信息功能，通过对比数据库中信息与用户填入信息是否匹配再给予用户登录进主界面的权限，程序框图如图5-7所示。

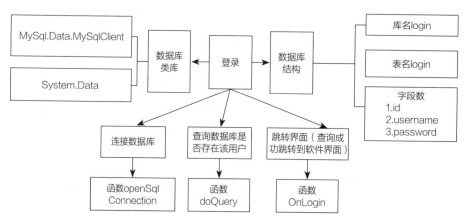

图5-7　登录数据库实现框图

建立汽车内饰三维模型，导入Unity平台以演示材质效果（图5-8）。

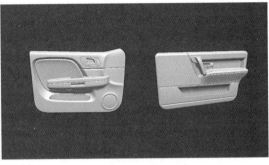

a）系统登录及注册　　　　　　　　　　　b）模型选择

图5-8　登录/注册及模型

产品材质感性设计生成系统主要的功能主要包括"由意象输入到材质输出"的正向拓展技术，以及"由材质要素输入到情感意象输出"的逆向拓展技术，下面主要介绍这两个主要功能的实现过程。

## 5.2.1　正向拓展技术实现

正向拓展技术实现是通过用户情感意象需求，获取最佳产品材质设计方案。关键代码及说明如下：

1. 获取用户情感意象需求：在用户输入情感需求时通过下面的函数对用户的情感需求进行解析。

m_InputField.GetComponent<UILabel>（）.text

2. 获取满足该需求的情感意象方案：在获得用户情感需求解析后，通过遍历关键字表与用户输入的信息相匹配，得出用户输入的关键字意象。

property characteristics ← GetType（function）

3. 选取操作对象模型：根据用户输入的关键字意向，选取操作对象的模型。

apply object ← ChangeModel（function）

4. 生成相应情感意象方案：根据以上操作最后生成相应的情感意向方案，显示在操作界面上。

Generation scheme ← SubmitBt（function）

其中生成情感方案的步骤分解如下：

（1）通过设计算法获取材料与工艺的组合，根据用户输入关键字获取相应方案后，对得出的数据进行筛选。筛选算法流程：根据不同属性将数据分组并赋予优先级，按照数据的优先级顺序先后遍历每组数据，取出在每组数据中都存在的材料或者工艺，将这些得出的数据保存，并按此顺序作为下面的结果列表的顺序。

get material and craftwork ← GetMorF（function）

（2）以数据形式将方案存储，按上一步算法输出数据后，可以确定本次结果中需要显示的是哪些工艺与材料，将这些工艺与材料根据对应关系一一配对，如结果中材料有金属，工艺有拉丝，根据配置表中得到这两者存在对应关系，将这两个数据组合成一个结果，以此类推，根据结果与配置表的配置分别得到相应的价格数值、价格复杂度数值、环保数值以及总分，根据用户输入的方案以及根据配置数据都能得到色值HSB范围，将这些数据全部保存起来供后面显示使用。

save program ← SetAllPro（function）

（3）对数据进行排序处理，根据得到的数据中的总分数值，对所有数据进行排序（点击评价值时使用此逻辑）

arrange data ← ProArrange（function）

（4）根据数据获取相应的资源，上面的步骤得到数据的进行组合之后，根据组合的名称如金属拉丝，获取材质文件下与之相匹配的材质。实现步骤：①遍历存放材质文件夹下的所有文件夹；②取出文件夹名称并与所要查找的文字配对；③当搜索到对应的文件夹时，直接将此文件夹内的所有材质提取出来，每一个材质作为一组方案。

get resources ← GetAllDirectory（function）

（5）将数据转化为可视化图像映射到列表，通过以上步骤获得的数据后，先将得到的HSB、材料、工艺、分数以文本的形式显示在各个结果上，接着将预制模型加载进结果，根据用户选中的模型局部位置，将获取到的材质贴图赋予相应位置，按照这样的方式将获取到的所有结果加载到结果列表。

send to scan ← SendValueToScan（function）

正向拓展过程如图5-9所示：

材质CMF方案输出排序，处理为两种方式，一种是根据获取数据的优先级以及各个方案的体感数据，通过计算方法进行筛选，先出现的方案组合优先级高，依次排序并映射到列表中。另一种是根据各个方案的评价分数进行排序，根据MatWithF表中的数据对比方案数值的高低，将结果映射到列表中显示。

获取方案资源采用的思想是将预制的材质存储在相应文件夹中，通过获取到的数据组合拼接文件夹名后，将文件夹内的所有材质一一提取出来，并赋予展示界面的模型上，这样做方便资源跟代码分离，不需要用代码去创建材质，不仅降低程序的工作量，还能提高软件运行的速度，技术实现部分代码见附录1。

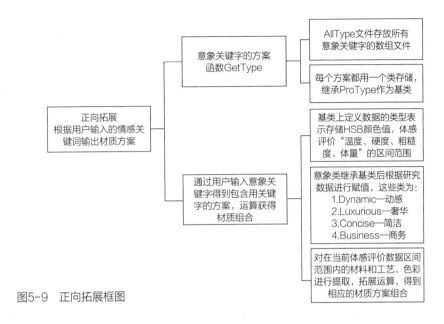

图5-9　正向拓展框图

## 5.2.2　逆向拓展技术实现

逆向拓展是通过现有产品材质要素组合，获取最可能引起的用户情感。通过C#协程技术实现，关键代码及说明如下：

1. 开启协程，在程序开始运行时使用协程异步获取所有方案组合的数据，并将数据保存。StartCoroutine()

2. 在协程内异步执行以下函数，函数功能与正向拓展中获取材料和工艺的方法相似，不同之处在于此获取方法没有指定是哪个方案，获取到的是所有方案的材料和工艺组合。GetAllProgram()，逆向拓展过程如图5-10所示。

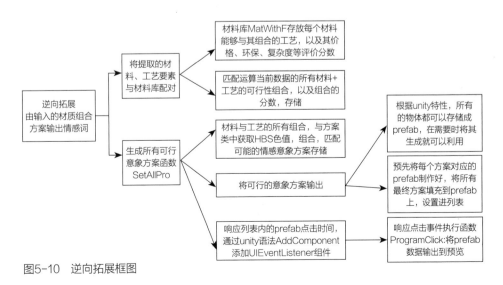

图5-10　逆向拓展框图

## 5.3 可拓学方案生成系统的实现结果

### 5.3.1 基于典型情感意象的汽车内饰材质设计方案生成

以汽车内饰CMF设计为例进行材质的感性设计，由"意向"到"材质"的正向拓展流程为"输入用户目标情感意象需求—系统分析—查询意象关键特征—匹配材质要素关键特征—拓展—变换相关量值—输出产品材质要素集—产品评价—获得最佳产品材质方案"。

以动感为例，正向拓展，输入情感意象目标（"动感"），拓展、运算、方案生成过程如图5-11所示。

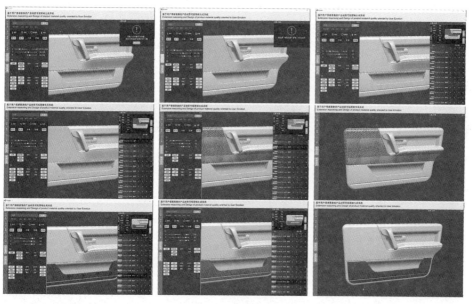

图5-11 基于用户情感的材质方案生成过程

每个操作步骤都有下一步的指引提示，情感的方案输入到方案的拓展、生成，模型的选择，应用和重置功能，比较人性化，方便首次操作系统的人员快速熟悉系统的操作流程。

### 1."动感"汽车内饰材质设计方案生成结果

在目标对象界面输入与动感的相关的感性意象词汇如运动的、动感的、速度的等词汇，根据典型情感意象空间与动感的相近的词汇，系统会默认用户选择了"动感"情感意象。用户也可以直接在感性意象列表选择"动感"关键词。确认情感意象关键词后，系统运算、拓展出体感评价特征的量值区间，如材料的"硬度"体感，见图5-12a，默认特征值为在柔软、较软等区间。材料的粗糙感，材料的体量感，分别见

图5-12b、图5-12c。由"一值多征"发散，拓展相应的材料数据列表。

同样的，系统生成表面处理工艺、色彩要素的相应体感评价量值区间，并拓展出相应的表面处理工艺数据列表和色彩HSB的取值范围。

用户"体感评价特征"数值，可以默认特征值为参考，自由筛选，剔除材料、表面处理工艺以及色彩的数据方案，控制输出方案的结果（图5-13）。设计人员对系统的自主控制，能够让设计师的创新思维不受框架限制，打破固有定式，便于探索更多材质创新的可能性（图5-14）。

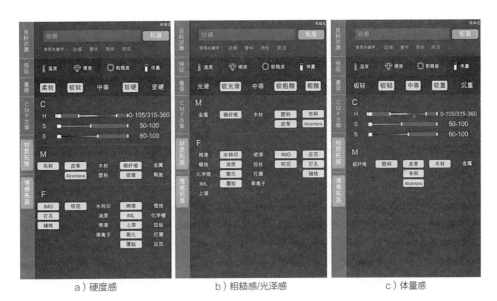

a）硬度感　　　　　　　b）粗糙感/光泽感　　　　　　c）体量感

图5-12　动感方案原始体感数据

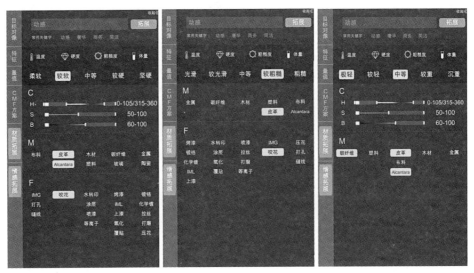

a）硬度感　　　　　　　b）粗糙感/光泽感　　　　　　c）体量感

图5-13　动感方案数据自主筛选

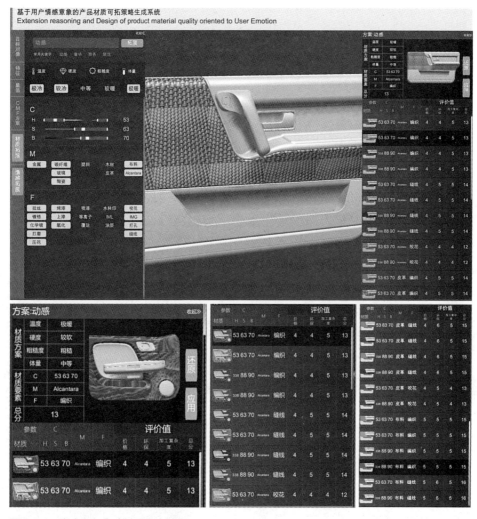

图5-14  动感意象生成材质方案选择

　　除了经过设定的算法默认生成的方案之外，允许设计人员在一定限制范围内个性筛选控制CMF方案生成结果。如色彩要素，默认输出方案后，可以在一定的色彩范围内自由调节想要的色彩。以动感方案的色彩要素所属区间内的自主调节结果，见图5-15。

　　基于"动感"意象的默认体感数据，生成材质拓展设计方案，计算输出方案结果26个。可根据每个材质方案的评价分值排序，部分方案效果见图5-16。

　　动感时尚类情感意象材质生成结果，计算交集得到色彩（C）的取值范围是，H（15°~45°，135°~285°）S（0~40%，61%~80%）B（21%~80%），材料（M）包括Alcantara、皮革、布料、碳纤维、陶瓷，表面处理工艺（F）包括编织、缝线、IMG、咬花和拉丝。若加法或复制、替换等其他变换，则可以得到更多方案数据。

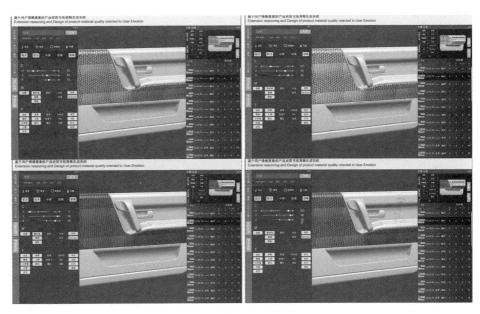

图5-15 动感方案色彩调节控制

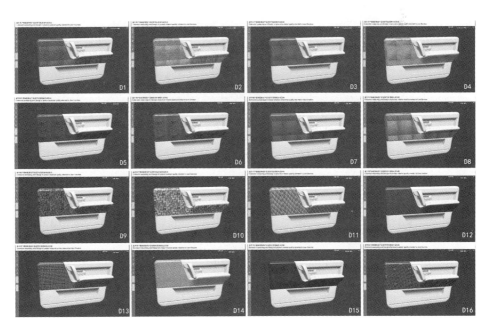

图5-16 动感意象方案生成结果

　　商务、简洁、奢华的情感意象材质生成过程同动感时尚类，这里不再赘述，可视化输出结果如下。

## 2. 商务类汽车内饰材质设计方案结果（图5-17、图5-18）

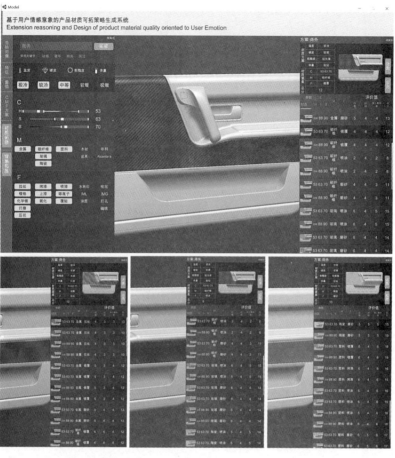

图5-17 商务类汽车内饰材质可视化生成结果

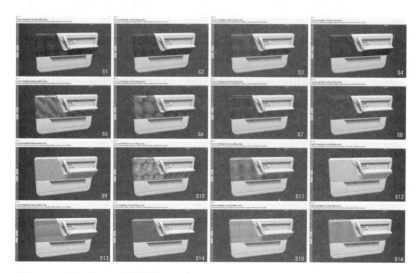

图5-18 商务类生成材质视觉效果（部分）

### 3. 简洁实用类汽车内饰材质设计方案结果（图5-19~图5-21）

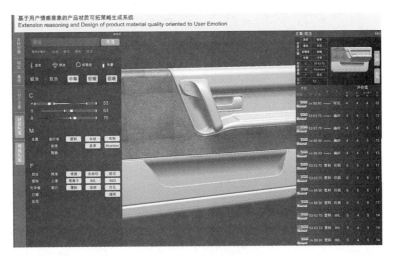

图5-19　简洁实用类汽车内饰材质设计方案结果

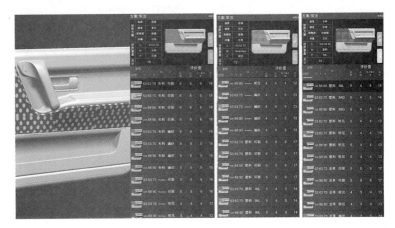

图5-20　简洁实用类自动生成材质方案结果列表

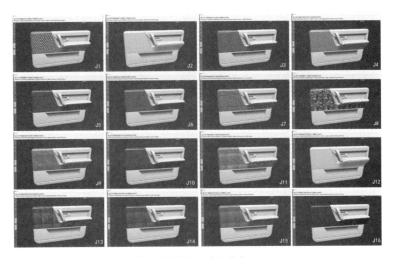

图5-21　简洁实用类生成材质视觉效果（部分）

## 4. 奢华类汽车内饰材质设计方案结果（图5-22、图5-23）

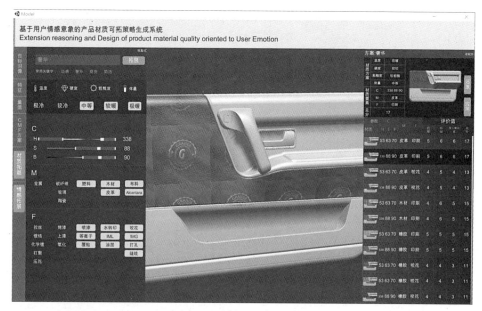

图5-22　奢华类自动生成材质方案列表

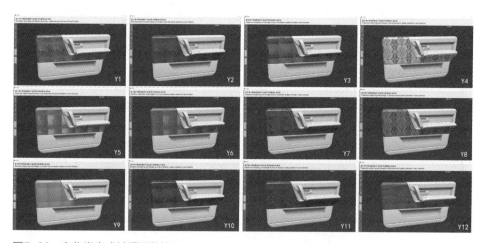

图5-23　奢华类生成材质视觉效果

### 5.3.2　基于材质要素的用户情感推理

　　逆向拓展是由用户输入"材质"到可能引发的"意象"的拓展，基本流程是，产品材质要素方案—系统分析—查询材质关键特征—匹配意象关键特征—拓展、变换相关量值—用户目标情感意象集—意象评价—获得最可能产生的情感意象。

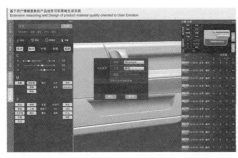
a）意象拓展初始界面

b）选择材料

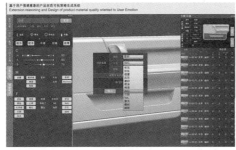
c）选择表面处理工艺

d）确定生成意象方案

图5-24　逆向拓展操作流程页面

由材质要素逆向推理，可以自动生成可能引发的感性意象。方法为，输入材料、表面处理工艺，如图5-24b、c所示，进行感性推理，逆向拓展，获取可能引发的材质情感意象，部分生成结果如图5-25所示。

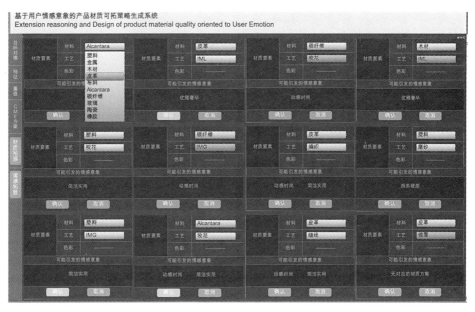

图5-25　逆向生成情感意象部分结果页面

可以通过材料、表面处理工艺的选择，确定材质方案，系统导出可能引发的情感意象。

逆向拓展存在如下几种可能性：第一，同一组材料、表面处理工艺生成一组情感意象词汇；第二，同一组材料、表面处理工艺要素，可能引发多种情感意象，生成多个情感词汇；第三，不同的材料、表面处理工艺，可能引发的相同的情感意象词汇。若选择的材料和工艺不匹配（某种材料不能应用该工艺），则出现"无对应的方案"提示。由于目前系统存储的感性意象词汇较少，逆向生成的感性意象词数量有限。

### 5.3.3  材质设计系统扩展应用

同一组设计人员（四位大四工业设计专业学生），在三天时间内，要求分别渲染出动感、奢华、简洁、商务四类材质设计方案，模型采用相同的车门内饰板，共生成四组52个方案，图5-26是其中两位设计人员自主的材质渲染结果。

图5-27是其中一位设计人员在根据汽车内饰材质感性方案生成系统的意象材质

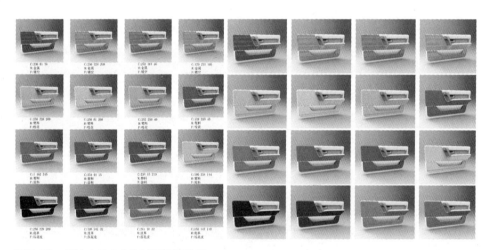

图5-26  设计人员自主的材质渲染结果

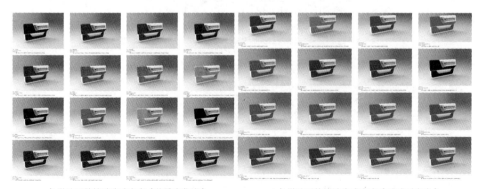

a）借助系统快速生成方案（优雅奢华类）            b）借助系统快速生成方案（动感时尚类）

图5-27  应用系统数据辅助快速生成产品材质方案（部分）

拓展数据的辅助参考下，快速拓展生成的产品材质设计方案（共四组，48个方案）。结果表明，有了材质情感CMF数据支撑作为参考，能够精准地获得大量材质方案，改善了设计人员以色彩作为主要的材质情感表达手段的情况。本汽车内饰材质感性方案生成系统，可以为设计人员在材质设计过程中提供参考和依据，提高设计效率和材质设计质量。

## 5.3.4 材质设计方案可拓优度评价

系统生成的材质方案，根据可拓优度评价法进行评价，以动感为例，根据本书3.4章节材质感性优度评价指标及方法，录入各评价指标权重及评价值，见表5-2。

在参考已有的材料与工艺评价体系等前人研究成果的基础上，把各个衡量指标分级，明确各个指标的优解衡量区间：创新性$X_{dj1}$(90,100)，感性$X_{dj2}$(90,100)，生产性$X_{dj3}$(2,3)，经济性$X_{dj4}$(2,3)，环保性$X_{dj5}$(2,3)。其中感性是非满足不可的指标。

计算待选方案的关联度见表5-3所示。

评价指标数据      表5-2

| 评价指标 | 一级评价指标（权重） | 创新性 $c_1$（0.2） | | 感性 $c_2$（0.5） | | 生产性 $c_3$（0.1） | | 经济性 $c_4$（0.1） | | 环保性 $c_5$（0.1） | |
|---|---|---|---|---|---|---|---|---|---|---|---|
| | 二级评价指标 | 独特性$c_{11}$ | 流行趋势$c_{12}$ | 情感表征$c_{21}$ | 经验认知$c_{22}$ | 材料加工性$c_{31}$ | 工艺加工性$c_{32}$ | 材料价格$c_{41}$ | 材料价格$c_{42}$ | 材料环保性$c_{51}$ | 工艺环保性$c_{52}$ |
| | 二级权重 | 0.5 | 0.5 | 0.6 | 0.4 | 0.6 | 0.4 | 0.6 | 0.4 | 0.6 | 0.4 |
| 评价值 | D1 | 94 | 90 | 94 | 90 | 3 | 1 | 2 | 2 | 2 | 3 |
| | D2 | 85 | 85 | 92 | 90 | 3 | 1 | 2 | 2 | 2 | 3 |
| | D3 | 83 | 85 | 90 | 90 | 3 | 1 | 2 | 2 | 2 | 2 |
| | D4 | 88 | 85 | 90 | 82 | 3 | 1 | 2 | 2 | 2 | 2 |
| | D5 | 88 | 88 | 92 | 90 | 3 | 1 | 2 | 2 | 3 | 2 |
| | D6 | 86 | 83 | 92 | 90 | 3 | 1 | 2 | 2 | 2 | 2 |
| | D7 | 91 | 90 | 94 | 90 | 3 | 2 | 2 | 2 | 2 | 2 |
| | D8 | 94 | 90 | 91 | 91 | 3 | 2 | 2 | 2 | 3 | 2 |
| | D9 | 94 | 94 | 90 | 92 | 3 | 1 | 2 | 2 | 3 | 3 |
| | D10 | 93 | 92 | 92 | 90 | 3 | 1 | 2 | 2 | 3 | 3 |
| | D11 | 92 | 90 | 90 | 90 | 3 | 2 | 2 | 2 | 3 | 3 |
| | D12 | 88 | 80 | 85 | 88 | 3 | 2 | 3 | 2 | 3 | 3 |
| | D13 | 85 | 82 | 87 | 85 | 3 | 1 | 3 | 2 | 3 | 3 |

续表

| 评价值 | D14 | 82 | 80 | 80 | 80 | 3 | 1 | 3 | 2 | 3 | 3 |
|---|---|---|---|---|---|---|---|---|---|---|---|
| | D15 | 94 | 92 | 94 | 94 | 1 | 2 | 1 | 2 | 2 | 2 |
| | D16 | 90 | 90 | 92 | 88 | 2 | 2 | 2 | 2 | 2 | 2 |

确定各特征在评价中的权系数，经专家评议，在材质感性设计一级评价指标中，感性指标为最重要的、必须要满足的指标，指标权重为0.5，其次是创新性，指标权重为0.2。$\beta_j=(0.1,0.1,0.3,0.2,0.06,0.04,\cdots,0.04)$，由公式4-31，计算动感各材质方案的优度值，分别是：$C(M_{D1})=0.22$，$C(M_{D2})=0.02$，$C(M_{D3})=-0.10$，$C(M_{D4})=-0.21$，$C(M_{D5})=0.10$，$C(M_{D6})=0.03$，$C(M_{D7})=0.25$，$C(M_{D8})=0.21$，$C(M_{D9})=0.24$，$C(M_{D10})=0.25$，$C(M_{D11})=0.18$，$C(M_{D12})=-0.15$，$C(M_{D13})=-0.14$，$C(M_{D14})=0.04$，$C(M_{D15})=0.14$，$C(M_{D16})=0.02$。

同样的，对其他情感意象材质方案进行优度计算，可得出较优解并排序。

结果表明，除个别方案外，系统生成的情感意象材质设计方案（动感），在感性指标的关联度普遍较高，优度越大，越接近最优解。

基于可拓学优度评价法进行方案评价，与传统设计评价方法相比，更具客观性。通过关联函数和优度计算，不仅可以评价各方案的优劣，综合选择最佳方案，同时，能够得出各方案偏离最优方案的程度。由选中方案与最优方案各指标存在的差距，以找到各方案改进的方向。

本书中的12种材料、13种工艺，进行生产性、经济性、环保性的对比，分为三个等级，最低等级1分，最高等级3分。

材料的经济性上，最低等级包括碳纤维、木材，中等等级包括金属、陶瓷、皮革、Alcantara，最低等级包括玻璃、塑料、布料。环保性上，最低等级为金属，中等等级包括塑料、碳纤维、Alcantara、陶瓷、玻璃，最高等级包括皮革、布料、木材。生产性上，加工的难易程度，最高等级为木材、金属、碳纤维，中等等级包括陶瓷、玻璃，最低等级包括塑料、布料、皮革、Alcantara合成材料。

表面处理工艺的经济性上，最低等级包括烤漆、压花，中等等级包括IML、IMG、咬花、缝线、打孔、编织、拉丝、电镀工艺，最高等级包括印刷、水转印、喷漆、磨砂、打磨、抛光、覆贴。环保性上，最低等级包括烤漆、压花、电镀，中等等级包括IML、IMG、打孔、喷漆、拉丝、咬花、覆贴，最高等级包括印刷、水转印、磨砂、打磨、抛光、缝线、编织。生产性上，最低等级包括烤漆、咬花、压花、编织工艺，中等等级包括IML、IMG、缝线、打孔、拉丝、电镀工艺，最高等级包括印刷、水转印、喷漆、打磨、磨砂、抛光、覆贴工艺。

关联度值计算　　　　　　　　　　　表5-3

| 评价指标 | | $K_1(x)$ | $K_2(x)$ | $K_3(x)$ | $K_4(x)$ | $K_5(x)$ | $K_6(x)$ | $K_7(x)$ | $K_8(x)$ | $K_9(x)$ | $K_{10}(x)$ |
|---|---|---|---|---|---|---|---|---|---|---|---|
| 权重 | | 0.1 | 0.1 | 0.3 | 0.2 | 0.06 | 0.04 | 0.06 | 0.04 | 0.06 | 0.04 |
| 各方案关联度 | D1 | 0.4 | 0 | 0.4 | 0 | 1 | −1 | 0 | 0 | 0 | 1 |
| | D2 | −0.5 | −0.5 | 0.2 | 0 | 1 | −1 | 0 | 0 | 0 | 1 |
| | D3 | −0.7 | −0.5 | 0 | 0 | 1 | −1 | 0 | 0 | 0 | 0 |
| | D4 | −0.2 | −0.5 | 0 | −0.8 | 1 | −1 | 0 | 0 | 0 | 0 |
| | D5 | 0 | 0 | 0.2 | 0 | 1 | −1 | 0 | 0 | 1 | 0 |
| | D6 | −0.4 | −0.7 | 0.2 | 0 | 1 | −1 | 0 | 0 | 1 | 0 |
| | D7 | 0.1 | 0 | 0.4 | 0 | 1 | 0 | 0 | 0 | 1 | 0 |
| | D8 | 0.4 | 0 | 0.1 | 0.1 | 1 | 0 | 0 | 0 | 1 | 0 |
| | D9 | 0.4 | 0.4 | 0 | 0.2 | 1 | −1 | 0 | 0 | 1 | 1 |
| | D10 | 0.3 | 0.2 | 0.2 | 0 | 1 | −1 | 0 | 0 | 1 | 1 |
| | D11 | 0.2 | 0 | 0 | 0 | 1 | 0 | 0 | 0 | 1 | 1 |
| | D12 | −0.2 | −1 | −0.5 | −0.2 | 1 | 0 | 1 | 0 | 1 | 1 |
| | D13 | −0.5 | −0.8 | −0.3 | −0.5 | 1 | −1 | 1 | 0 | 1 | 1 |
| | D14 | −0.8 | −1 | −1 | −1 | 1 | −1 | 1 | 0 | 1 | 1 |
| | D15 | 0.4 | 0.2 | 0.4 | 0.4 | −1 | 0 | −1 | 0 | 0 | 0 |
| | D16 | 0 | 0 | 0.2 | −0.2 | 0 | 0 | 0 | 0 | 0 | 0 |

　　将5.3.3小节中未采用系统，设计人员自主进行感性设计的方案，与经系统辅助引导下输出的材质感性设计方案的结果进行前后对比，将每个情感意象各抽取两个方案进行评价，见图5-28，方案01、02、05、06、09、10、13、14为应用系统的材质设计，方案03、04、07、08、11、12、15、16为未采用系统的材质设计。

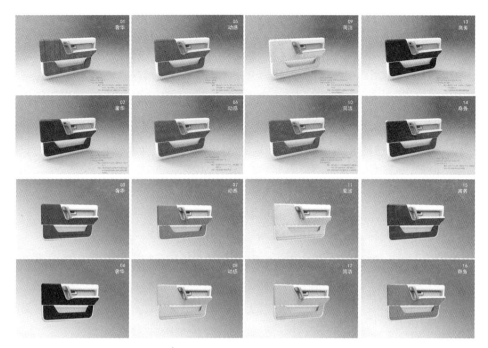

图5-28　设计人员材质情感设计对比

对比各方案的关联度　　　　　　　　　　　　　表5-4

| 方案 | $\beta_l$ | 01 | 02 | 03 | 04 | 05 | 06 | 07 | 08 | 09 | 10 | 11 | 12 | 13 | 14 | 15 | 16 |
|---|---|---|---|---|---|---|---|---|---|---|---|---|---|---|---|---|---|
| $K_1(x)$ | 0.15 | 0 | 0 | 0 | 0 | -0.2 | -0.3 | 0 | 0 | 0 | -0.2 | -0.8 | -1 | 0.3 | 0.5 | -2 | -2 |
| $K_2(x)$ | 0.15 | 0.2 | 0 | 0.2 | 0 | -0.2 | -0.4 | -0.2 | -0.5 | 0.1 | 0 | -1 | -1 | 0.5 | 0.5 | -2 | -2.5 |
| $K_3(x)$ | 0.42 | 0.5 | 0.3 | 0 | -0.2 | 0.2 | 0.2 | -0.5 | 0.2 | 0.2 | 0.2 | -1.2 | -2 | 0.4 | 0.6 | -1.5 | -2 |
| $K_4(x)$ | 0.28 | 0.3 | 0.1 | 0.1 | 0 | 0 | -0.2 | 0.1 | 0.2 | 0 | 0.2 | -1.5 | -2 | 0.5 | 0.2 | -2 | -2 |

　　重点考虑感性与创新性的指标，计算各个方案的关联度和优度值，见表5-4、表5-5。

　　从优度评价结果可以得出，无论在单位时间内输出方案数量上，还是在材质的感性表征质量上，由系统辅助生成的方案，整体均有较大的提升。

每个方案的优度值　　　　　　　　　　　　　表5-5

| 系统辅助方案 | $C(M_{01})$ | $C(M_{02})$ | $C(M_{05})$ | $C(M_{06})$ | $C(M_{09})$ | $C(M_{10})$ | $C(M_{13})$ | $C(M_{14})$ |
|---|---|---|---|---|---|---|---|---|
| | 0.324 | 0.154 | 0.024 | 0.013 | 0.099 | 0.11 | 0.42 | 0.458 |
| 未利用系统 | $C(M_{03})$ | $C(M_{04})$ | $C(M_{07})$ | $C(M_{08})$ | $C(M_{11})$ | $C(M_{12})$ | $C(M_{15})$ | $C(M_{16})$ |
| | 0.058 | -0.084 | -0.212 | 0.065 | -1.194 | -1.7 | -1.79 | -2.075 |

## 5.4  本章小结

本章基于unity开发环境，以及C#、Mysql等技术，实现了基于用户情感意象的汽车内饰材质（CMF）设计策略自动生成系统。实现了根据用户的特定情感需求（动感的、简洁的、商务的、奢华的），通过体感评价特征、拓展、运算的方式一步步指引用户获取到相应的材质CMF设计方案结果，并对方案从生产性、环保性、经济性等角度进行评价，最终以文字方案与三维模型图像、数据展示的形式将结果数据可视化，让用户全面了解材质方案的特点。

四类意象生成的材质方案情况                                       表5-6

| 意象词汇 | 色彩输出范围 | 输出材料 | 输出表面处理工艺 | 可视化方案生成数量 |
|---|---|---|---|---|
| 动感 | H（15°~45°，135°~285°）<br>S（0~40%，61%~80%）<br>B（21%~80%） | Alcantara、皮革、布料、碳纤维、陶瓷 | 编织、缝线、IMG、咬花、拉丝 | 26 |
| 奢华 | H（0~135°，285°~360°）<br>S（21%~80%）<br>B（0~60%） | 皮革、木材、橡胶 | IMG、咬花、喷涂（喷漆）、磨砂 | 12 |
| 简洁 | H（0~135°，285°~360°）<br>S（0~60%）<br>B（41%~100%） | 布料、Alcantara、塑料、皮革、木材 | 水转印、IML、IMG、咬花、编织、缝线、打孔等 | 39 |
| 商务 | H（105°~315°）<br>S（41%~100%）<br>B（0~40%，80%~100%） | 金属、碳纤维、玻璃、陶瓷、塑料 | 拉丝、镀覆（镀铬）、烤漆、喷涂（喷漆）、磨砂 | 40 |

设计人员在应用系统时，根据实际情况选取或输入情感意象，运算控制体感区间，以单个体感数据取三个区间相加、不同体感之间相交的运算为例，动感的、奢华的、简洁的、商务的四类情感输出材质方案的统计见表5-6，CMF可视化方案在输出时，默认得出的材质方案数量（以材料和工艺为主，限制色彩数量情况下）中商务类（40组）、简洁实用类生成的CMF组合方案数据最多，"奢华"类材质组合方案最少（12组）。

1. 不同情感意象在材料、表面处理工艺、色彩上都存在一定差异，在输出材料当中，动感意象最能体现差异的材料是Alcantara、碳纤维和皮革，奢华方案的最大差异性体现在木材、皮革上，简洁方案的最大差异体现在布料和塑料上，商务感的材料方案最大差异体现在金属和碳纤维上。在表面处理工艺上，动感方案的最大差异在于编制、缝线和IMG 工艺，奢华感工艺方案最大的差异在于IMG、咬花，简洁感最大的不同在于水转印、IML工艺，商务感工艺方案的最大差异在于拉丝、烤漆、镀覆。在配色上，动感时尚类车型偏向高明度、中高纯度，暖色系。简洁实用类车型偏向低纯度、中高明度，中性偏暖色系范围。优雅奢华类车型，偏向中低明度、中低纯度，暖色系范围。商务科技类车型整体偏好低明度、低纯度，冷暖色系并存的色彩范围。

2. 经过建立以感性、创新性、生产性、经济性、环保性为材质感性设计方案评价一级指标，计算关联度和优度，得到感性意象的最佳材质设计方案。

3. 通过对比实验，经过系统辅助的设计初级人员，能够在短时间内提升材质设计的质量和效率。

4. 不同情感意象的材质输出也存在部分相似性，如在动感和商务的情感意象当中，都存在碳纤维材料、拉丝工艺，色彩范围都含有H（135°~285°）S（61%~80%）B（20%~40%），这说明此材质组合可能表达的意象词汇不止一个，体现出情感自身的模糊性、不确定性，这种情况在本书5.3.2章节，基于材质要素的情感意象逆向推理中得到印证，同一材质组合可能产生多个情感意象词汇。

5. 本书中，感性—材质逆向拓展，使用C#语言的协程特性，推导出符合用户选择的CMF方案的最可能引发的情感意象词汇。目前系统存储的感性意象词汇较少，逆向生成的感性意象词数量有限，今后可以逐渐完善，添加其他感性意象词汇。

# 第 6 章

# 结论与展望

## 6.1 主要结论

在现代产品外形同质化的趋势下，材质设计成为工业设计的热点研究方向。

本书引入可拓学方法，构建材质感性可拓创新模型和推理规则，研究材质的形式化表达、推理及设计方法，实现产品的感性设计，以更好地满足用户的情感需求。

以汽车内饰为对象领域，结合材料学、心理学以及感性工学常用的情感获取方法等，提取汽车内饰材质感性设计领域知识。开发汽车内饰材质感性设计可拓学专家系统，用可视化方式实现了特定情感意象与汽车内饰材质要素的可拓推理，为材质感性设计过程及评审提供了支持。

主要工作成果和结论归纳如下：

1. 构建了材质感性可拓学基本模型和推理方法

依据可拓学共轭分析原理和相关性分析原理，提出材质感性设计的多感官通道融合的关键"体感评价特征"，对用户情感（虚部）基元和材质要素（实部）基元建立相关性，建立材质感性设计统一的评价标准。

通过对目标对象（条件）情感、材质、关键体感特征，建立材质感性可拓基元模型，经"一物多征"、"一征多值"、"一值多征"等发散，"置换、增删、扩缩、复制、变异"等运算、变换及评价过程，获得典型用户情感意象的最佳材质方案策略，以及材质要素组合最可能引发的用户情感意象，实现了"材质—意象"的双向可拓推理与设计。结论如下：

（1）建立材质感性设计可拓学模型，对材质感性的形式化表达和推理，是实现材质感性设计的智能化、软件化的基础。

（2）关键体感评价特征的提出，统一了不同材质要素的评价标准，实现了材质多要素的综合考量，避免了单一要素研究的材质情感意象偏差。

2. 材质感性设计领域知识获取和表征

感性信息的获取，采用感性工学情感度量及情感分类方法（SD语义差异法、口语分析法、KJ法等），对用户情感意象词汇、体感评价词汇、汽车内饰样本进行搜集、筛选、聚类。取得结果如下：（1）建立了用户情感语义空间集、典型情感意象材质样本看板、汽车内饰材质库、材质要素（材料、表面处理工艺）体感意象尺度图。建立了材质CMF三大设计要素关于体感评价关键特征的统一标准。解构典型用户情感意象汽车内饰材质要素，分析不同情感意象体感评价特征。利用SD语义差异法，对典型情感意象样本进行体感评价。（2）根据四类感性汽车内饰看板的解构分析以及体感调查结果，明确特定情感意象基元关于体感评价关键特征的量值范围以及基本运算、变换方法，建立各感性意象材质设计可拓学表征和推理规则。（3）根据12种材料、13种表面处理工艺的体感调查数据以及显著性、均值等分析，明确各材质基元关于体感评价关键特征的量值范围。得出结论如下：

（1）"动感时尚"、"优雅奢华"、"商务硬朗"、"简洁实用"的汽车内饰，为汽车用户偏好的四类典型情感意象。统一材质关键体感评价标准包括"粗糙感/光泽感"、"温度感"、"体量感"、"硬度感"，避免了以往从感性意象到产品要素直接映射的弊端，增大了设计创新的可能性，拓展了感性设计量化研究的视角，符合人的基本感性认知习惯，便于创新方法的推广和应用。

（2）材质各要素在映射过程的优先级上，材料的优先级最高，其次是表面处理工艺，最后是色彩。根据材质三要素的体感特征影响程度，建立材质各要素的三维体感空间尺度，尽量避免体感数据出现空洞。在CMF三要素中，色彩对于温度体感特征的影响最大，其中尤以色相值对温度体感的影响最为显著，其次是体量感和硬度感，对粗糙感/光泽感体感特征的影响最小。材料要素对于体量感、硬度感特征的影响最大，其次是粗糙感，对温度感的影响最小。表面处理工艺要素，对粗糙感的影响最大，其次是硬度感、温度感，对体量感的影响最小。

（3）感性设计研究，主观、模糊、复杂、影响因素多，研究中4类情感意象，选取103张意象汽车内饰样本；12组材料、103个材料样本；13组表面处理工艺，52个工艺样本，数量相对以往研究的量大，能够适当弥补以往分析过程中单个样本研究不具代表性的局限，对调研数据，采用多重比较分析，研究结果更具有客观性。

3. 基于Uinty平台，开发了材质感性设计可拓学专家系统，将材质感性设计过程软件化、智能化，实现"特定情感意象与汽车内饰材质"的双向可拓推理，辅助材质感性设计过程，为材质设计人员提供技术支持。从四类意象的材质方案输出的优度评价及对比实验评价结果来看，专家系统能够在一定程度提升材质设计效率、科学性和材质设计质量，便于在设计中推广和实际应用。

## 6.2 主要创新点

与以往相关研究理论和方法相比，本书取得了一定的创新，主要体现在：

1. 提取关键体感评价特征，建立材质物元（实部）与感性意象物元（虚部）的相关性，符合人的基本感性认知习惯，拓展了感性量化研究的视角。

2. 建立材质三要素（CMF）关于"关键体感特征"的统一评价标准，实现了材质多要素的综合考量，将多感官维度的情感意象与材质多要素之间建立量化关联。便于创新方法的推广。

3. 多材质样本群组的研究，更具客观性。

4. 构建了材质感性设计可拓学模型，开发可视化的产品材质可拓创新专家系统，实现材质与感性意象的双向推理。材质方案策略生成结果，采用文字与视觉效果的结合，提升了材质感性设计可拓学软件的实用性，便于推广和应用。

## 6.3 展望

1. 本书实现了面向用户情感意象的产品材质可拓推理与设计，目前仍存在不足之处，如虽然材料、表面处理工艺样本数量较以往已经有了较大的提升，但材料和工艺种类不计其数，研究数量有限，细分仍然不足，在今后的研究中，期望拓展到更多的情感意象和材质层面上，新材料、新工艺持续更新。

2. 实验测试人员，如最终借助专家系统辅助的方案对比实验，参与者是初级设计人员（大四工业设计专业学生），系统对高级设计师以及其他人员的实际表现还有待进一步检验。

3. 用户情感意象的体感评价指标普遍会受到领域的影响，如本书中汽车内饰的材质设计中，各意象的温度体感整体偏向温暖的区间，硬度体感偏向较软区间等，在具体设计应用过程中要注意调整。

4. 材质感性设计可拓学专家系统的可视化，能够更直观的展现设计数据与方案效果，为设计人员提供参考。但系统计算量较大，动态的获取与替换材料，在生成方案较多时，会存在卡顿现象，数据存储数量有限。在材质渲染的可视化效果上存在不足，质量有待提升。

5. 继续完善和拓展材质感性创新推理方法，为材质设计、感性设计、设计方法学提供参考，为机器学习等深入的研究提供研究基础。

# 附　录

## 1. 12种不同材料组间的硬度感对比数据

材料组1-12顺序依次为"石材、金属、陶瓷、橡胶、碳纤维、木材、皮革、塑料、Alcantara、布、玻璃、棉毛"。

**描述**

材料硬度感数据

| | N | 均值 | 标准差 | 标准误 | 均值的95% 置信区间 下限 | 均值的95% 置信区间 上限 | 极小值 | 极大值 |
|---|---|---|---|---|---|---|---|---|
| 1 | 30 | 1.6667 | .47946 | .08754 | 1.4876 | 1.8457 | 1.00 | 2.00 |
| 2 | 30 | 1.8667 | .34575 | .06312 | 1.7376 | 1.9958 | 1.00 | 2.00 |
| 3 | 30 | 1.0333 | .85029 | .15524 | .7158 | 1.3508 | .00 | 2.00 |
| 4 | 30 | -.4333 | .77385 | .14129 | -.7223 | -.1444 | -2.00 | 1.00 |
| 5 | 30 | 1.1333 | .68145 | .12441 | .8789 | 1.3878 | .00 | 2.00 |
| 6 | 30 | .0667 | .90719 | .16563 | -.2721 | .4054 | -1.00 | 1.00 |
| 7 | 30 | -.8000 | .80516 | .14700 | -1.1007 | -.4993 | -2.00 | 1.00 |
| 8 | 30 | .0667 | .69149 | .12625 | -.1915 | .3249 | -1.00 | 1.00 |
| 9 | 30 | -1.1000 | .71197 | .12999 | -1.3659 | -.8341 | -2.00 | .00 |
| 10 | 30 | -1.6000 | .49827 | .09097 | -1.7861 | -1.4139 | -2.00 | -1.00 |
| 11 | 30 | 1.1333 | .77608 | .14169 | .8435 | 1.4231 | .00 | 2.00 |
| 12 | 30 | -1.9000 | .30513 | .05571 | -2.0139 | -1.7861 | -2.00 | -1.00 |
| 总数 | 360 | .0944 | 1.39716 | .07364 | -.0504 | .2393 | -2.00 | 2.00 |

**ANOVA**

材料硬度感数据

| | 平方和 | df | 均方 | F | 显著性 |
|---|---|---|---|---|---|
| 组间 | 540.256 | 11 | 49.114 | 106.468 | .000 |
| 组内 | 160.533 | 348 | .461 | | |
| 总数 | 700.789 | 359 | | | |

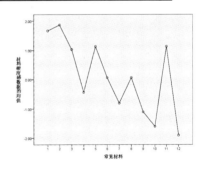

**多重比较**

材料硬度感数据
Bonferroni

续表

| (I) 常见材料 | (J) 常见材料 | 均值差 (I-J) | 标准误 | 显著性 | 95% 置信区间 下限 | 95% 置信区间 上限 |
|---|---|---|---|---|---|---|
| 1 | 2 | -.20000 | .17537 | 1.000 | -.7959 | .3959 |
| | 3 | .63333* | .17537 | .023 | .0374 | 1.2292 |
| | 4 | 2.10000* | .17537 | .000 | 1.5041 | 2.6959 |
| | 5 | .53333 | .17537 | .167 | -.0626 | 1.1292 |
| | 6 | 1.60000* | .17537 | .000 | 1.0041 | 2.1959 |
| | 7 | 2.46667* | .17537 | .000 | 1.8708 | 3.0626 |
| | 8 | 1.60000* | .17537 | .000 | 1.0041 | 2.1959 |
| | 9 | 2.76667* | .17537 | .000 | 2.1708 | 3.3626 |
| | 10 | 3.26667* | .17537 | .000 | 2.6708 | 3.8626 |
| | 11 | .53333 | .17537 | .167 | -.0626 | 1.1292 |
| | 12 | 3.56667* | .17537 | .000 | 2.9708 | 4.1626 |
| 2 | 1 | .20000 | .17537 | 1.000 | -.3959 | .7959 |
| | 3 | .83333* | .17537 | .000 | .2374 | 1.4292 |
| | 4 | 2.30000* | .17537 | .000 | 1.7041 | 2.8959 |
| | 5 | .73333* | .17537 | .002 | .1374 | 1.3292 |
| | 6 | 1.80000* | .17537 | .000 | 1.2041 | 2.3959 |
| | 7 | 2.66667* | .17537 | .000 | 2.0708 | 3.2626 |
| | 8 | 1.80000* | .17537 | .000 | 1.2041 | 2.3959 |
| | 9 | 2.96667* | .17537 | .000 | 2.3708 | 3.5626 |
| | 10 | 3.46667* | .17537 | .000 | 2.8708 | 4.0626 |
| | 11 | .73333* | .17537 | .002 | .1374 | 1.3292 |
| | 12 | 3.76667* | .17537 | .000 | 3.1708 | 4.3626 |
| 3 | 1 | -.63333* | .17537 | .023 | -1.2292 | -.0374 |
| | 2 | -.83333* | .17537 | .000 | -1.4292 | -.2374 |
| | 4 | 1.46667* | .17537 | .000 | .8708 | 2.0626 |
| | 5 | -.10000 | .17537 | 1.000 | -.6959 | .4959 |
| | 6 | .96667* | .17537 | .000 | .3708 | 1.5626 |
| | 7 | 1.83333* | .17537 | .000 | 1.2374 | 2.4292 |
| | 8 | .96667* | .17537 | .000 | .3708 | 1.5626 |
| | 9 | 2.13333* | .17537 | .000 | 1.5374 | 2.7292 |
| | 10 | 2.63333* | .17537 | .000 | 2.0374 | 3.2292 |
| | 11 | -.10000 | .17537 | 1.000 | -.6959 | .4959 |
| | 12 | 2.93333* | .17537 | .000 | 2.3374 | 3.5292 |
| 4 | 1 | -2.10000* | .17537 | .000 | -2.6959 | -1.5041 |
| | 2 | -2.30000* | .17537 | .000 | -2.8959 | -1.7041 |
| | 3 | -1.46667* | .17537 | .000 | -2.0626 | -.8708 |
| | 5 | -1.56667* | .17537 | .000 | -2.1626 | -.9708 |
| | 6 | -.50000 | .17537 | .305 | -1.0959 | .0959 |
| | 7 | .36667 | .17537 | 1.000 | -.2292 | .9626 |
| | 8 | -.50000 | .17537 | .305 | -1.0959 | .0959 |
| | 9 | .66667* | .17537 | .011 | .0708 | 1.2626 |
| | 10 | 1.16667* | .17537 | .000 | .5708 | 1.7626 |
| | 11 | -1.56667* | .17537 | .000 | -2.1626 | -.9708 |
| | 12 | 1.46667* | .17537 | .000 | .8708 | 2.0626 |

续表

| | | 均值差 | 标准误 | 显著性 | 下限 | 上限 |
|---|---|---|---|---|---|---|
| 5 | 1 | -.53333 | .17537 | .167 | -1.1292 | .0626 |
| | 2 | -.73333* | .17537 | .002 | -1.3292 | -.1374 |
| | 3 | .10000 | .17537 | 1.000 | -.4959 | .6959 |
| | 4 | 1.56667* | .17537 | .000 | .9708 | 2.1626 |
| | 6 | 1.06667* | .17537 | .000 | .4708 | 1.6626 |
| | 7 | 1.93333* | .17537 | .000 | 1.3374 | 2.5292 |
| | 8 | 1.06667* | .17537 | .000 | .4708 | 1.6626 |
| | 9 | 2.23333* | .17537 | .000 | 1.6374 | 2.8292 |
| | 10 | 2.73333* | .17537 | .000 | 2.1374 | 3.3292 |
| | 11 | .00000 | .17537 | 1.000 | -.5959 | .5959 |
| | 12 | 3.03333* | .17537 | .000 | 2.4374 | 3.6292 |
| 6 | 1 | -1.60000* | .17537 | .000 | -2.1959 | -1.0041 |
| | 2 | -1.80000* | .17537 | .000 | -2.3959 | -1.2041 |
| | 3 | -.96667* | .17537 | .000 | -1.5626 | -.3708 |
| | 4 | .50000 | .17537 | .305 | -.0959 | 1.0959 |
| | 5 | -1.06667* | .17537 | .000 | -1.6626 | -.4708 |
| | 7 | .86667* | .17537 | .000 | .2708 | 1.4626 |
| | 8 | .00000 | .17537 | 1.000 | -.5959 | .5959 |
| | 9 | 1.16667* | .17537 | .000 | .5708 | 1.7626 |
| | 10 | 1.66667* | .17537 | .000 | 1.0708 | 2.2626 |
| | 11 | -1.06667* | .17537 | .000 | -1.6626 | -.4708 |
| | 12 | 1.96667* | .17537 | .000 | 1.3708 | 2.5626 |
| 7 | 1 | -2.46667* | .17537 | .000 | -3.0626 | -1.8708 |
| | 2 | -2.66667* | .17537 | .000 | -3.2626 | -2.0708 |
| | 3 | -1.83333* | .17537 | .000 | -2.4292 | -1.2374 |
| | 4 | -.36667 | .17537 | 1.000 | -.9626 | .2292 |
| | 5 | -1.93333* | .17537 | .000 | -2.5292 | -1.3374 |
| | 6 | -.86667* | .17537 | .000 | -1.4626 | -.2708 |
| | 8 | -.86667* | .17537 | .000 | -1.4626 | -.2708 |
| | 9 | .30000 | .17537 | 1.000 | -.2959 | .8959 |
| | 10 | .80000* | .17537 | .000 | .2041 | 1.3959 |
| | 11 | -1.93333* | .17537 | .000 | -2.5292 | -1.3374 |
| | 12 | 1.10000* | .17537 | .000 | .5041 | 1.6959 |
| 8 | 1 | -1.60000* | .17537 | .000 | -2.1959 | -1.0041 |
| | 2 | -1.80000* | .17537 | .000 | -2.3959 | -1.2041 |
| | 3 | -.96667* | .17537 | .000 | -1.5626 | -.3708 |
| | 4 | .50000 | .17537 | .305 | -.0959 | 1.0959 |
| | 5 | -1.06667* | .17537 | .000 | -1.6626 | -.4708 |
| | 6 | .00000 | .17537 | 1.000 | -.5959 | .5959 |
| | 7 | .86667* | .17537 | .000 | .2708 | 1.4626 |
| | 9 | 1.16667* | .17537 | .000 | .5708 | 1.7626 |
| | 10 | 1.66667* | .17537 | .000 | 1.0708 | 2.2626 |
| | 11 | -1.06667* | .17537 | .000 | -1.6626 | -.4708 |
| | 12 | 1.96667* | .17537 | .000 | 1.3708 | 2.5626 |

| | | 均值差 | 标准误 | 显著性 | 下限 | 上限 |
|---|---|---|---|---|---|---|
| 9 | 1 | -2.76667* | .17537 | .000 | -3.3626 | -2.1708 |
| | 2 | -2.96667* | .17537 | .000 | -3.5626 | -2.3708 |
| | 3 | -2.13333* | .17537 | .000 | -2.7292 | -1.5374 |
| | 4 | -.66667* | .17537 | .011 | -1.2626 | -.0708 |
| | 5 | -2.23333* | .17537 | .000 | -2.8292 | -1.6374 |
| | 6 | -1.16667* | .17537 | .000 | -1.7626 | -.5708 |
| | 7 | -.30000 | .17537 | 1.000 | -.8959 | .2959 |
| | 8 | -1.16667* | .17537 | .000 | -1.7626 | -.5708 |
| | 10 | .50000 | .17537 | .305 | -.0959 | 1.0959 |
| | 11 | -2.23333* | .17537 | .000 | -2.8292 | -1.6374 |
| | 12 | .80000* | .17537 | .000 | .2041 | 1.3959 |
| 10 | 1 | -3.26667* | .17537 | .000 | -3.8626 | -2.6708 |
| | 2 | -3.46667* | .17537 | .000 | -4.0626 | -2.8708 |
| | 3 | -2.63333* | .17537 | .000 | -3.2292 | -2.0374 |
| | 4 | -1.16667* | .17537 | .000 | -1.7626 | -.5708 |
| | 5 | -2.73333* | .17537 | .000 | -3.3292 | -2.1374 |
| | 6 | -1.66667* | .17537 | .000 | -2.2626 | -1.0708 |
| | 7 | -.80000* | .17537 | .000 | -1.3959 | -.2041 |
| | 8 | -1.66667* | .17537 | .000 | -2.2626 | -1.0708 |
| | 9 | -.50000 | .17537 | .305 | -1.0959 | .0959 |
| | 11 | -2.73333* | .17537 | .000 | -3.3292 | -2.1374 |
| | 12 | .30000 | .17537 | 1.000 | -.2959 | .8959 |
| 11 | 1 | -.53333 | .17537 | .167 | -1.1292 | .0626 |
| | 2 | -.73333* | .17537 | .002 | -1.3292 | -.1374 |
| | 3 | .10000 | .17537 | 1.000 | -.4959 | .6959 |
| | 4 | 1.56667* | .17537 | .000 | .9708 | 2.1626 |
| | 5 | .00000 | .17537 | 1.000 | -.5959 | .5959 |
| | 6 | 1.06667* | .17537 | .000 | .4708 | 1.6626 |
| | 7 | 1.93333* | .17537 | .000 | 1.3374 | 2.5292 |
| | 8 | 1.06667* | .17537 | .000 | .4708 | 1.6626 |
| | 9 | 2.23333* | .17537 | .000 | 1.6374 | 2.8292 |
| | 10 | 2.73333* | .17537 | .000 | 2.1374 | 3.3292 |
| | 12 | 3.03333* | .17537 | .000 | 2.4374 | 3.6292 |
| 12 | 1 | -3.56667* | .17537 | .000 | -4.1626 | -2.9708 |
| | 2 | -3.76667* | .17537 | .000 | -4.3626 | -3.1708 |
| | 3 | -2.93333* | .17537 | .000 | -3.5292 | -2.3374 |
| | 4 | -1.46667* | .17537 | .000 | -2.0626 | -.8708 |
| | 5 | -3.03333* | .17537 | .000 | -3.6292 | -2.4374 |
| | 6 | -1.96667* | .17537 | .000 | -2.5626 | -1.3708 |
| | 7 | -1.10000* | .17537 | .000 | -1.6959 | -.5041 |
| | 8 | -1.96667* | .17537 | .000 | -2.5626 | -1.3708 |
| | 9 | -.80000* | .17537 | .000 | -1.3959 | -.2041 |
| | 10 | -.30000 | .17537 | 1.000 | -.8959 | .2959 |
| | 11 | -3.03333* | .17537 | .000 | -3.6292 | -2.4374 |

*. 均值差的显著性水平为 0.05。

## 2. 材料样本体量感测试数据分析（12种，编号排序同前）

**描述**

材料体量感数据

| | N | 均值 | 标准差 | 标准误 | 均值的 95% 置信区间 | | 极小值 | 极大值 |
|---|---|---|---|---|---|---|---|---|
| | | | | | 下限 | 上限 | | |
| 1 | 30 | 1.8667 | .34575 | .06312 | 1.7376 | 1.9958 | 1.00 | 2.00 |
| 2 | 30 | 1.8333 | .37905 | .06920 | 1.6918 | 1.9749 | 1.00 | 2.00 |
| 3 | 30 | .6000 | .89443 | .16330 | .2660 | .9340 | -1.00 | 2.00 |
| 4 | 30 | .9000 | 1.06188 | .19387 | .5035 | 1.2965 | -1.00 | 2.00 |
| 5 | 30 | .9000 | .99481 | .18163 | .5285 | 1.2715 | -1.00 | 2.00 |
| 6 | 30 | .2000 | .84690 | .15462 | -.1162 | .5162 | -1.00 | 1.00 |
| 7 | 30 | .1000 | .66176 | .12082 | -.1471 | .3471 | -1.00 | 1.00 |
| 8 | 30 | -.9333 | .82768 | .15111 | -1.2424 | -.6243 | -2.00 | .00 |
| 9 | 30 | -1.1667 | .79148 | .14450 | -1.4622 | -.8711 | -2.00 | .00 |
| 10 | 30 | -1.6333 | .55605 | .10152 | -1.8410 | -1.4257 | -2.00 | .00 |
| 11 | 30 | -1.6000 | .49827 | .09097 | -1.7861 | -1.4139 | -2.00 | -1.00 |
| 12 | 30 | -1.9000 | .30513 | .05571 | -2.0139 | -1.7861 | -2.00 | -1.00 |
| 总数 | 360 | -.0694 | 1.47331 | .07765 | -.2222 | .0833 | -2.00 | 2.00 |

### ANOVA

材料体量感数据

| | 平方和 | df | 均方 | F | 显著性 |
|---|---|---|---|---|---|
| 组间 | 596.631 | 11 | 54.239 | 103.350 | .000 |
| 组内 | 182.633 | 348 | .525 | | |
| 总数 | 779.264 | 359 | | | |

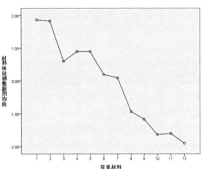

常见材料

### 多重比较

材料体量感数据
Bonferroni

| (I) 常见材料 | (J) 常见材料 | 均值差 (I-J) | 标准误 | 显著性 | 95% 置信区间 下限 | 上限 |
|---|---|---|---|---|---|---|
| 1.00 | 2.00 | .03333 | .18705 | 1.000 | -.6022 | .6689 |
| | 3.00 | 1.26667* | .18705 | .000 | .6311 | 1.9022 |
| | 4.00 | .96667* | .18705 | .000 | .3311 | 1.6022 |
| | 5.00 | .96667* | .18705 | .000 | .3311 | 1.6022 |
| | 6.00 | 1.66667* | .18705 | .000 | 1.0311 | 2.3022 |
| | 7.00 | 1.76667* | .18705 | .000 | 1.1311 | 2.4022 |
| | 8.00 | 2.80000* | .18705 | .000 | 2.1644 | 3.4356 |
| | 9.00 | 3.03333* | .18705 | .000 | 2.3978 | 3.6689 |
| | 10.00 | 3.50000* | .18705 | .000 | 2.8644 | 4.1356 |
| | 11.00 | 3.46667* | .18705 | .000 | 2.8311 | 4.1022 |
| | 12.00 | 3.76667* | .18705 | .000 | 3.1311 | 4.4022 |
| 2.00 | 1.00 | -.03333 | .18705 | 1.000 | -.6689 | .6022 |
| | 3.00 | 1.23333* | .18705 | .000 | .5978 | 1.8689 |
| | 4.00 | .93333* | .18705 | .000 | .2978 | 1.5689 |
| | 5.00 | .93333* | .18705 | .000 | .2978 | 1.5689 |
| | 6.00 | 1.63333* | .18705 | .000 | .9978 | 2.2689 |
| | 7.00 | 1.73333* | .18705 | .000 | 1.0978 | 2.3689 |
| | 8.00 | 2.76667* | .18705 | .000 | 2.1311 | 3.4022 |
| | 9.00 | 3.00000* | .18705 | .000 | 2.3644 | 3.6356 |
| | 10.00 | 3.46667* | .18705 | .000 | 2.8311 | 4.1022 |
| | 11.00 | 3.43333* | .18705 | .000 | 2.7978 | 4.0689 |
| | 12.00 | 3.73333* | .18705 | .000 | 3.0978 | 4.3689 |
| 3.00 | 1.00 | -1.26667* | .18705 | .000 | -1.9022 | -.6311 |
| | 2.00 | -1.23333* | .18705 | .000 | -1.8689 | -.5978 |
| | 4.00 | -.30000 | .18705 | 1.000 | -.9356 | .3356 |
| | 5.00 | -.30000 | .18705 | 1.000 | -.9356 | .3356 |
| | 6.00 | .40000 | .18705 | 1.000 | -.2356 | 1.0356 |
| | 7.00 | .50000 | .18705 | .519 | -.1356 | 1.1356 |
| | 8.00 | 1.53333* | .18705 | .000 | .8978 | 2.1689 |
| | 9.00 | 1.76667* | .18705 | .000 | 1.1311 | 2.4022 |
| | 10.00 | 2.23333* | .18705 | .000 | 1.5978 | 2.8689 |
| | 11.00 | 2.20000* | .18705 | .000 | 1.5644 | 2.8356 |
| | 12.00 | 2.50000* | .18705 | .000 | 1.8644 | 3.1356 |
| 4.00 | 1.00 | -.96667* | .18705 | .000 | -1.6022 | -.3311 |
| | 2.00 | -.93333* | .18705 | .000 | -1.5689 | -.2978 |
| | 3.00 | .30000 | .18705 | 1.000 | -.3356 | .9356 |
| | 5.00 | .00000 | .18705 | 1.000 | -.6356 | .6356 |
| | 6.00 | .70000* | .18705 | .014 | .0644 | 1.3356 |
| | 7.00 | .80000* | .18705 | .002 | .1644 | 1.4356 |
| | 8.00 | 1.83333* | .18705 | .000 | 1.1978 | 2.4689 |
| | 9.00 | 2.06667* | .18705 | .000 | 1.4311 | 2.7022 |
| | 10.00 | 2.53333* | .18705 | .000 | 1.8978 | 3.1689 |
| | 11.00 | 2.50000* | .18705 | .000 | 1.8644 | 3.1356 |
| | 12.00 | 2.80000* | .18705 | .000 | 2.1644 | 3.4356 |
| 5.00 | 1.00 | -.96667* | .18705 | .000 | -1.6022 | -.3311 |
| | 2.00 | -.93333* | .18705 | .000 | -1.5689 | -.2978 |
| | 3.00 | .30000 | .18705 | 1.000 | -.3356 | .9356 |
| | 4.00 | .00000 | .18705 | 1.000 | -.6356 | .6356 |
| | 6.00 | .70000* | .18705 | .014 | .0644 | 1.3356 |
| | 7.00 | .80000* | .18705 | .002 | .1644 | 1.4356 |
| | 8.00 | 1.83333* | .18705 | .000 | 1.1978 | 2.4689 |
| | 9.00 | 2.06667* | .18705 | .000 | 1.4311 | 2.7022 |
| | 10.00 | 2.53333* | .18705 | .000 | 1.8978 | 3.1689 |
| | 11.00 | 2.50000* | .18705 | .000 | 1.8644 | 3.1356 |
| | 12.00 | 2.80000* | .18705 | .000 | 2.1644 | 3.4356 |
| 6.00 | 1.00 | -1.66667* | .18705 | .000 | -2.3022 | -1.0311 |
| | 2.00 | -1.63333* | .18705 | .000 | -2.2689 | -.9978 |
| | 3.00 | -.40000 | .18705 | 1.000 | -1.0356 | .2356 |
| | 4.00 | -.70000* | .18705 | .014 | -1.3356 | -.0644 |
| | 5.00 | -.70000* | .18705 | .014 | -1.3356 | -.0644 |
| | 7.00 | .10000 | .18705 | 1.000 | -.5356 | .7356 |
| | 8.00 | 1.13333* | .18705 | .000 | .4978 | 1.7689 |
| | 9.00 | 1.36667* | .18705 | .000 | .7311 | 2.0022 |
| | 10.00 | 1.83333* | .18705 | .000 | 1.1978 | 2.4689 |
| | 11.00 | 1.80000* | .18705 | .000 | 1.1644 | 2.4356 |
| | 12.00 | 2.10000* | .18705 | .000 | 1.4644 | 2.7356 |

续表

| (I) 常见材料 | (J) 常见材料 | 均值差 (I-J) | 标准误 | 显著性 | 95% 置信区间 下限 | 上限 |
|---|---|---|---|---|---|---|
| 7.00 | 1.00 | -1.76667* | .18705 | .000 | -2.4022 | -1.1311 |
| | 2.00 | -1.73333* | .18705 | .000 | -2.3689 | -1.0978 |
| | 3.00 | -.50000 | .18705 | .519 | -1.1356 | .1356 |
| | 4.00 | -.80000* | .18705 | .002 | -1.4356 | -.1644 |
| | 5.00 | -.80000* | .18705 | .002 | -1.4356 | -.1644 |
| | 6.00 | -.10000 | .18705 | 1.000 | -.7356 | .5356 |
| | 8.00 | 1.03333* | .18705 | .000 | .3978 | 1.6689 |
| | 9.00 | 1.26667* | .18705 | .000 | .6311 | 1.9022 |
| | 10.00 | 1.73333* | .18705 | .000 | 1.0978 | 2.3689 |
| | 11.00 | 1.70000* | .18705 | .000 | 1.0644 | 2.3356 |
| | 12.00 | 2.00000* | .18705 | .000 | 1.3644 | 2.6356 |
| 8.00 | 1.00 | -2.80000* | .18705 | .000 | -3.4356 | -2.1644 |
| | 2.00 | -2.76667* | .18705 | .000 | -3.4022 | -2.1311 |
| | 3.00 | -1.53333* | .18705 | .000 | -2.1689 | -.8978 |
| | 4.00 | -1.83333* | .18705 | .000 | -2.4689 | -1.1978 |
| | 5.00 | -1.83333* | .18705 | .000 | -2.4689 | -1.1978 |
| | 6.00 | -1.13333* | .18705 | .000 | -1.7689 | -.4978 |
| | 7.00 | -1.03333* | .18705 | .000 | -1.6689 | -.3978 |
| | 9.00 | .23333 | .18705 | 1.000 | -.4022 | .8689 |
| | 10.00 | .70000* | .18705 | .014 | .0644 | 1.3356 |
| | 11.00 | .66667* | .18705 | .027 | .0311 | 1.3022 |
| | 12.00 | .96667* | .18705 | .000 | .3311 | 1.6022 |
| 9.00 | 1.00 | -3.03333* | .18705 | .000 | -3.6689 | -2.3978 |
| | 2.00 | -3.00000* | .18705 | .000 | -3.6356 | -2.3644 |
| | 3.00 | -1.76667* | .18705 | .000 | -2.4022 | -1.1311 |
| | 4.00 | -2.06667* | .18705 | .000 | -2.7022 | -1.4311 |
| | 5.00 | -2.06667* | .18705 | .000 | -2.7022 | -1.4311 |
| | 6.00 | -1.36667* | .18705 | .000 | -2.0022 | -.7311 |
| | 7.00 | -1.26667* | .18705 | .000 | -1.9022 | -.6311 |
| | 8.00 | -.23333 | .18705 | 1.000 | -.8689 | .4022 |
| | 10.00 | .46667 | .18705 | .862 | -.1689 | 1.1022 |
| | 11.00 | .43333 | .18705 | 1.000 | -.2022 | 1.0689 |
| | 12.00 | .73333* | .18705 | .007 | .0978 | 1.3689 |
| 10.00 | 1.00 | -3.50000* | .18705 | .000 | -4.1356 | -2.8644 |
| | 2.00 | -3.46667* | .18705 | .000 | -4.1022 | -2.8311 |
| | 3.00 | -2.23333* | .18705 | .000 | -2.8689 | -1.5978 |
| | 4.00 | -2.53333* | .18705 | .000 | -3.1689 | -1.8978 |
| | 5.00 | -2.53333* | .18705 | .000 | -3.1689 | -1.8978 |
| | 6.00 | -1.83333* | .18705 | .000 | -2.4689 | -1.1978 |
| | 7.00 | -1.73333* | .18705 | .000 | -2.3689 | -1.0978 |
| | 8.00 | -.70000* | .18705 | .014 | -1.3356 | -.0644 |
| | 9.00 | -.46667 | .18705 | .862 | -1.1022 | .1689 |
| | 11.00 | -.03333 | .18705 | 1.000 | -.6689 | .6022 |
| | 12.00 | .26667 | .18705 | 1.000 | -.3689 | .9022 |
| 11.00 | 1.00 | -3.46667* | .18705 | .000 | -4.1022 | -2.8311 |
| | 2.00 | -3.43333* | .18705 | .000 | -4.0689 | -2.7978 |
| | 3.00 | -2.20000* | .18705 | .000 | -2.8356 | -1.5644 |
| | 4.00 | -2.50000* | .18705 | .000 | -3.1356 | -1.8644 |
| | 5.00 | -2.50000* | .18705 | .000 | -3.1356 | -1.8644 |
| | 6.00 | -1.80000* | .18705 | .000 | -2.4356 | -1.1644 |
| | 7.00 | -1.70000* | .18705 | .000 | -2.3356 | -1.0644 |
| | 8.00 | -.66667* | .18705 | .027 | -1.3022 | -.0311 |
| | 9.00 | -.43333 | .18705 | 1.000 | -1.0689 | .2022 |
| | 10.00 | .03333 | .18705 | 1.000 | -.6022 | .6689 |
| | 12.00 | .30000 | .18705 | 1.000 | -.3356 | .9356 |
| 12.00 | 1.00 | -3.76667* | .18705 | .000 | -4.4022 | -3.1311 |
| | 2.00 | -3.73333* | .18705 | .000 | -4.3689 | -3.0978 |
| | 3.00 | -2.50000* | .18705 | .000 | -3.1356 | -1.8644 |
| | 4.00 | -2.80000* | .18705 | .000 | -3.4356 | -2.1644 |
| | 5.00 | -2.80000* | .18705 | .000 | -3.4356 | -2.1644 |
| | 6.00 | -2.10000* | .18705 | .000 | -2.7356 | -1.4644 |
| | 7.00 | -2.00000* | .18705 | .000 | -2.6356 | -1.3644 |
| | 8.00 | -.96667* | .18705 | .000 | -1.6022 | -.3311 |
| | 9.00 | -.73333* | .18705 | .007 | -1.3689 | -.0978 |
| | 10.00 | -.26667 | .18705 | 1.000 | -.9022 | .3689 |
| | 11.00 | -.30000 | .18705 | 1.000 | -.9356 | .3356 |

\* 均值差的显著性水平为 0.05.

## 3. 各材料样本粗糙感测试数据

**描述**

材料粗糙感数据

| | N | 均值 | 标准差 | 标准误 | 均值的95%置信区间 下限 | 均值的95%置信区间 上限 | 极小值 | 极大值 |
|---|---|---|---|---|---|---|---|---|
| 1 | 30 | 1.6000 | .49827 | .09097 | 1.4139 | 1.7861 | 1.00 | 2.00 |
| 2 | 30 | -1.7333 | .52083 | .09509 | -1.9278 | -1.5389 | -2.00 | .00 |
| 3 | 30 | -.2667 | .63968 | .11679 | -.5055 | -.0278 | -1.00 | 1.00 |
| 4 | 30 | .9667 | .96431 | .17606 | .6066 | 1.3267 | -1.00 | 2.00 |
| 5 | 30 | -.7333 | 1.08066 | .19730 | -1.1369 | -.3298 | -2.00 | 2.00 |
| 6 | 30 | .1333 | .81931 | .14958 | -.1726 | .4393 | -1.00 | 1.00 |
| 7 | 30 | .7333 | .82768 | .15111 | .4243 | 1.0424 | -2.00 | 2.00 |
| 8 | 30 | .1333 | .89955 | .16424 | -.2026 | .4692 | -2.00 | 1.00 |
| 9 | 30 | 1.6000 | .49827 | .09097 | 1.4139 | 1.7861 | 1.00 | 2.00 |
| 10 | 30 | 1.7667 | .62606 | .11430 | 1.5329 | 2.0004 | -1.00 | 2.00 |
| 11 | 30 | -1.6667 | .47946 | .08754 | -1.8457 | -1.4876 | -2.00 | -1.00 |
| 12 | 30 | 1.8000 | .40684 | .07428 | 1.6481 | 1.9519 | 1.00 | 2.00 |
| 总数 | 360 | .3611 | 1.41131 | .07438 | .2148 | .5074 | -2.00 | 2.00 |

**ANOVA**

材料粗糙感数据

| | 平方和 | df | 均方 | F | 显著性 |
|---|---|---|---|---|---|
| 组间 | 534.456 | 11 | 48.587 | 93.623 | .000 |
| 组内 | 180.600 | 348 | .519 | | |
| 总数 | 715.056 | 359 | | | |

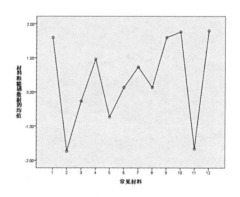

**多重比较**

材料粗糙感数据
Bonferroni

续表

| (I)常见材料 | (J)常见材料 | 均值差(I-J) | 标准误 | 显著性 | 95%置信区间 下限 | 95%置信区间 上限 |
|---|---|---|---|---|---|---|
| 1 | 2 | 3.33333* | .18600 | .000 | 2.7013 | 3.9654 |
| | 3 | 1.86667* | .18600 | .000 | 1.2346 | 2.4987 |
| | 4 | .63333* | .18600 | .049 | .0013 | 1.2654 |
| | 5 | 2.33333* | .18600 | .000 | 1.7013 | 2.9654 |
| | 6 | 1.46667* | .18600 | .000 | .8346 | 2.0987 |
| | 7 | .86667* | .18600 | .000 | .2346 | 1.4987 |
| | 8 | 1.46667* | .18600 | .000 | .8346 | 2.0987 |
| | 9 | .00000 | .18600 | 1.000 | -.6320 | .6320 |
| | 10 | -.16667 | .18600 | 1.000 | -.7987 | .4654 |
| | 11 | 3.26667* | .18600 | .000 | 2.6346 | 3.8987 |
| | 12 | -.20000 | .18600 | 1.000 | -.8320 | .4320 |
| 2 | 1 | -3.33333* | .18600 | .000 | -3.9654 | -2.7013 |
| | 3 | -1.46667* | .18600 | .000 | -2.0987 | -.8346 |
| | 4 | -2.70000* | .18600 | .000 | -3.3320 | -2.0680 |
| | 5 | -1.00000* | .18600 | .000 | -1.6320 | -.3680 |
| | 6 | -1.86667* | .18600 | .000 | -2.4987 | -1.2346 |
| | 7 | -2.46667* | .18600 | .000 | -3.0987 | -1.8346 |
| | 8 | -1.86667* | .18600 | .000 | -2.4987 | -1.2346 |
| | 9 | -3.33333* | .18600 | .000 | -3.9654 | -2.7013 |
| | 10 | -3.50000* | .18600 | .000 | -4.1320 | -2.8680 |
| | 11 | -.06667 | .18600 | 1.000 | -.6987 | .5654 |
| | 12 | -3.53333* | .18600 | .000 | -4.1654 | -2.9013 |
| 3 | 1 | -1.86667* | .18600 | .000 | -2.4987 | -1.2346 |
| | 2 | 1.46667* | .18600 | .000 | .8346 | 2.0987 |
| | 4 | -1.23333* | .18600 | .000 | -1.8654 | -.6013 |
| | 5 | .46667 | .18600 | .829 | -.1654 | 1.0987 |
| | 6 | -.40000 | .18600 | 1.000 | -1.0320 | .2320 |
| | 7 | -1.00000* | .18600 | .000 | -1.6320 | -.3680 |
| | 8 | -.40000 | .18600 | 1.000 | -1.0320 | .2320 |
| | 9 | -1.86667* | .18600 | .000 | -2.4987 | -1.2346 |
| | 10 | -2.03333* | .18600 | .000 | -2.6654 | -1.4013 |
| | 11 | 1.40000* | .18600 | .000 | .7680 | 2.0320 |
| | 12 | -2.06667* | .18600 | .000 | -2.6987 | -1.4346 |
| 4 | 1 | -.63333* | .18600 | .049 | -1.2654 | -.0013 |
| | 2 | 2.70000* | .18600 | .000 | 2.0680 | 3.3320 |
| | 3 | 1.23333* | .18600 | .000 | .6013 | 1.8654 |
| | 5 | 1.70000* | .18600 | .000 | 1.0680 | 2.3320 |
| | 6 | .83333* | .18600 | .001 | .2013 | 1.4654 |
| | 7 | .23333 | .18600 | 1.000 | -.3987 | .8654 |
| | 8 | .83333* | .18600 | .001 | .2013 | 1.4654 |
| | 9 | -.63333* | .18600 | .049 | -1.2654 | -.0013 |
| | 10 | -.80000* | .18600 | .001 | -1.4320 | -.1680 |
| | 11 | 2.63333* | .18600 | .000 | 2.0013 | 3.2654 |
| | 12 | -.83333* | .18600 | .001 | -1.4654 | -.2013 |

续表

| (I) | (J) | 均值差 | 标准误 | 显著性 | 下限 | 上限 |
|---|---|---|---|---|---|---|
| 5 | 1 | -2.33333* | .18600 | .000 | -2.9654 | -1.7013 |
| | 2 | 1.00000* | .18600 | .000 | .3680 | 1.6320 |
| | 3 | -.46667 | .18600 | .829 | -1.0987 | .1654 |
| | 4 | -1.70000* | .18600 | .000 | -2.3320 | -1.0680 |
| | 6 | -.86667* | .18600 | .000 | -1.4987 | -.2346 |
| | 7 | -1.46667* | .18600 | .000 | -2.0987 | -.8346 |
| | 8 | -.86667* | .18600 | .000 | -1.4987 | -.2346 |
| | 9 | -2.33333* | .18600 | .000 | -2.9654 | -1.7013 |
| | 10 | -2.50000* | .18600 | .000 | -3.1320 | -1.8680 |
| | 11 | .93333* | .18600 | .000 | .3013 | 1.5654 |
| | 12 | -2.53333* | .18600 | .000 | -3.1654 | -1.9013 |
| 6 | 1 | -1.46667* | .18600 | .000 | -2.0987 | -.8346 |
| | 2 | 1.86667* | .18600 | .000 | 1.2346 | 2.4987 |
| | 3 | .40000 | .18600 | 1.000 | -.2320 | 1.0320 |
| | 4 | -.83333* | .18600 | .001 | -1.4654 | -.2013 |
| | 5 | .86667* | .18600 | .000 | .2346 | 1.4987 |
| | 7 | -.60000 | .18600 | .091 | -1.2320 | .0320 |
| | 8 | .00000 | .18600 | 1.000 | -.6320 | .6320 |
| | 9 | -1.46667* | .18600 | .000 | -2.0987 | -.8346 |
| | 10 | -1.63333* | .18600 | .000 | -2.2654 | -1.0013 |
| | 11 | 1.80000* | .18600 | .000 | 1.1680 | 2.4320 |
| | 12 | -1.66667* | .18600 | .000 | -2.2987 | -1.0346 |
| 7 | 1 | -.86667* | .18600 | .000 | -1.4987 | -.2346 |
| | 2 | 2.46667* | .18600 | .000 | 1.8346 | 3.0987 |
| | 3 | 1.00000* | .18600 | .000 | .3680 | 1.6320 |
| | 4 | -.23333 | .18600 | 1.000 | -.8654 | .3987 |
| | 5 | 1.46667* | .18600 | .000 | .8346 | 2.0987 |
| | 6 | .60000 | .18600 | .091 | -.0320 | 1.2320 |
| | 8 | .60000 | .18600 | .091 | -.0320 | 1.2320 |
| | 9 | -.86667* | .18600 | .000 | -1.4987 | -.2346 |
| | 10 | -1.03333* | .18600 | .000 | -1.6654 | -.4013 |
| | 11 | 2.40000* | .18600 | .000 | 1.7680 | 3.0320 |
| | 12 | -1.06667* | .18600 | .000 | -1.6987 | -.4346 |
| 8 | 1 | -1.46667* | .18600 | .000 | -2.0987 | -.8346 |
| | 2 | 1.86667* | .18600 | .000 | 1.2346 | 2.4987 |
| | 3 | .40000 | .18600 | 1.000 | -.2320 | 1.0320 |
| | 4 | -.83333* | .18600 | .001 | -1.4654 | -.2013 |
| | 5 | .86667* | .18600 | .000 | .2346 | 1.4987 |
| | 6 | .00000 | .18600 | 1.000 | -.6320 | .6320 |
| | 7 | -.60000 | .18600 | .091 | -1.2320 | .0320 |
| | 9 | -1.46667* | .18600 | .000 | -2.0987 | -.8346 |
| | 10 | -1.63333* | .18600 | .000 | -2.2654 | -1.0013 |
| | 11 | 1.80000* | .18600 | .000 | 1.1680 | 2.4320 |
| | 12 | -1.66667* | .18600 | .000 | -2.2987 | -1.0346 |
| 9 | 1 | .00000 | .18600 | 1.000 | -.6320 | .6320 |
| | 2 | 3.33333* | .18600 | .000 | 2.7013 | 3.9654 |
| | 3 | 1.86667* | .18600 | .000 | 1.2346 | 2.4987 |
| | 4 | .63333* | .18600 | .049 | .0013 | 1.2654 |
| | 5 | 2.33333* | .18600 | .000 | 1.7013 | 2.9654 |
| | 6 | 1.46667* | .18600 | .000 | .8346 | 2.0987 |
| | 7 | .86667* | .18600 | .000 | .2346 | 1.4987 |
| | 8 | 1.46667* | .18600 | .000 | .8346 | 2.0987 |
| | 10 | -.16667 | .18600 | 1.000 | -.7987 | .4654 |
| | 11 | 3.26667* | .18600 | .000 | 2.6346 | 3.8987 |
| | 12 | -.20000 | .18600 | 1.000 | -.8320 | .4320 |
| 10 | 1 | .16667 | .18600 | 1.000 | -.4654 | .7987 |
| | 2 | 3.50000* | .18600 | .000 | 2.8680 | 4.1320 |
| | 3 | 2.03333* | .18600 | .000 | 1.4013 | 2.6654 |
| | 4 | .80000* | .18600 | .001 | .1680 | 1.4320 |
| | 5 | 2.50000* | .18600 | .000 | 1.8680 | 3.1320 |
| | 6 | 1.63333* | .18600 | .000 | 1.0013 | 2.2654 |
| | 7 | 1.03333* | .18600 | .000 | .4013 | 1.6654 |
| | 8 | 1.63333* | .18600 | .000 | 1.0013 | 2.2654 |
| | 9 | .16667 | .18600 | 1.000 | -.4654 | .7987 |
| | 11 | 3.43333* | .18600 | .000 | 2.8013 | 4.0654 |
| | 12 | -.03333 | .18600 | 1.000 | -.6654 | .5987 |
| 11 | 1 | -3.26667* | .18600 | .000 | -3.8987 | -2.6346 |
| | 2 | .06667 | .18600 | 1.000 | -.5654 | .6987 |
| | 3 | -1.40000* | .18600 | .000 | -2.0320 | -.7680 |
| | 4 | -2.63333* | .18600 | .000 | -3.2654 | -2.0013 |
| | 5 | -.93333* | .18600 | .000 | -1.5654 | -.3013 |
| | 6 | -1.80000* | .18600 | .000 | -2.4320 | -1.1680 |
| | 7 | -2.40000* | .18600 | .000 | -3.0320 | -1.7680 |
| | 8 | -1.80000* | .18600 | .000 | -2.4320 | -1.1680 |
| | 9 | -3.26667* | .18600 | .000 | -3.8987 | -2.6346 |
| | 10 | -3.43333* | .18600 | .000 | -4.0654 | -2.8013 |
| | 12 | -3.46667* | .18600 | .000 | -4.0987 | -2.8346 |
| 12 | 1 | .20000 | .18600 | 1.000 | -.4320 | .8320 |
| | 2 | 3.53333* | .18600 | .000 | 2.9013 | 4.1654 |
| | 3 | 2.06667* | .18600 | .000 | 1.4346 | 2.6987 |
| | 4 | .83333* | .18600 | .001 | .2013 | 1.4654 |
| | 5 | 2.53333* | .18600 | .000 | 1.9013 | 3.1654 |
| | 6 | 1.66667* | .18600 | .000 | 1.0346 | 2.2987 |
| | 7 | 1.06667* | .18600 | .000 | .4346 | 1.6987 |
| | 8 | 1.66667* | .18600 | .000 | 1.0346 | 2.2987 |
| | 9 | .20000 | .18600 | 1.000 | -.4320 | .8320 |
| | 10 | .03333 | .18600 | 1.000 | -.5987 | .6654 |
| | 11 | 3.46667* | .18600 | .000 | 2.8346 | 4.0987 |

* 均值差的显著性水平为 0.05。

## 4. 表面处理工艺样本粗糙感数据

**描述**

各表面处理工艺粗糙感数值

| | N | 均值 | 标准差 | 标准误 | 均值的 95% 置信区间 下限 | 均值的 95% 置信区间 上限 | 极小值 | 极大值 |
|---|---|---|---|---|---|---|---|---|
| 1 | 30 | 1.9333 | .25371 | .04632 | 1.8386 | 2.0281 | 1.00 | 2.00 |
| 2 | 30 | 1.9333 | .25371 | .04632 | 1.8386 | 2.0281 | 1.00 | 2.00 |
| 3 | 30 | 1.9667 | .18257 | .03333 | 1.8985 | 2.0348 | 1.00 | 2.00 |
| 4 | 30 | 1.5667 | .56832 | .10376 | 1.3545 | 1.7789 | .00 | 2.00 |
| 5 | 30 | .9000 | .88474 | .16153 | .5696 | 1.2304 | -1.00 | 2.00 |
| 6 | 30 | 1.0667 | .73968 | .13505 | .7905 | 1.3429 | .00 | 2.00 |
| 7 | 30 | .1333 | 1.13664 | .20752 | -.2911 | .5578 | -2.00 | 2.00 |
| 8 | 30 | -.3000 | .83666 | .15275 | -.6124 | .0124 | -2.00 | 1.00 |
| 9 | 30 | -1.0000 | .83045 | .15162 | -1.3101 | -.6899 | -2.00 | .00 |
| 10 | 30 | -.9333 | .44978 | .08212 | -1.1013 | -.7654 | -2.00 | .00 |
| 11 | 30 | .1000 | .75886 | .13855 | -.1834 | .3834 | -1.00 | 1.00 |
| 12 | 30 | -1.9000 | .30513 | .05571 | -2.0139 | -1.7861 | -2.00 | -1.00 |
| 13 | 30 | -1.6333 | .49013 | .08949 | -1.8164 | -1.4503 | -2.00 | -1.00 |
| 总数 | 390 | .2949 | 1.47741 | .07481 | .1478 | .4420 | -2.00 | 2.00 |

**ANOVA**

各表面处理工艺粗糙感数值

| | 平方和 | df | 均方 | F | 显著性 |
| --- | --- | --- | --- | --- | --- |
| 组间 | 686.456 | 12 | 57.205 | 132.606 | .000 |
| 组内 | 162.633 | 377 | .431 | | |
| 总数 | 849.090 | 389 | | | |

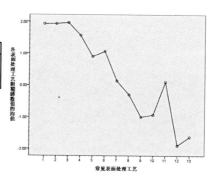

各表面处理工艺粗糙感数值的均值（纵轴） / 常见表面处理工艺（横轴）

多重比较

各表面处理工艺粗糙感数值
Bonferroni

| (I)常见表面处理工艺 | (J)常见表面处理工艺 | 均值差(I-J) | 标准误 | 显著性 | 95%置信区间 下限 | 上限 |
| --- | --- | --- | --- | --- | --- | --- |
| 1 | 2 | .00000 | .16959 | 1.000 | -.5838 | .5838 |
| | 3 | -.03333 | .16959 | 1.000 | -.6171 | .5505 |
| | 4 | .36667 | .16959 | 1.000 | -.2171 | .9505 |
| | 5 | 1.03333* | .16959 | .000 | .4495 | 1.6171 |
| | 6 | .86667* | .16959 | .000 | .2829 | 1.4505 |
| | 7 | 1.80000* | .16959 | .000 | 1.2162 | 2.3838 |
| | 8 | 2.23333* | .16959 | .000 | 1.6495 | 2.8171 |
| | 9 | 2.93333* | .16959 | .000 | 2.3495 | 3.5171 |
| | 10 | 2.86667* | .16959 | .000 | 2.2829 | 3.4505 |
| | 11 | 1.83333* | .16959 | .000 | 1.2495 | 2.4171 |
| | 12 | 3.83333* | .16959 | .000 | 3.2495 | 4.4171 |
| | 13 | 3.56667* | .16959 | .000 | 2.9829 | 4.1505 |
| 2 | 1 | .00000 | .16959 | 1.000 | -.5838 | .5838 |
| | 3 | -.03333 | .16959 | 1.000 | -.6171 | .5505 |
| | 4 | .36667 | .16959 | 1.000 | -.2171 | .9505 |
| | 5 | 1.03333* | .16959 | .000 | .4495 | 1.6171 |
| | 6 | .86667* | .16959 | .000 | .2829 | 1.4505 |
| | 7 | 1.80000* | .16959 | .000 | 1.2162 | 2.3838 |
| | 8 | 2.23333* | .16959 | .000 | 1.6495 | 2.8171 |
| | 9 | 2.93333* | .16959 | .000 | 2.3495 | 3.5171 |
| | 10 | 2.86667* | .16959 | .000 | 2.2829 | 3.4505 |
| | 11 | 1.83333* | .16959 | .000 | 1.2495 | 2.4171 |
| | 12 | 3.83333* | .16959 | .000 | 3.2495 | 4.4171 |
| | 13 | 3.56667* | .16959 | .000 | 2.9829 | 4.1505 |
| 3 | 1 | .03333 | .16959 | 1.000 | -.5505 | .6171 |
| | 2 | .03333 | .16959 | 1.000 | -.5505 | .6171 |
| | 4 | .40000 | .16959 | 1.000 | -.1838 | .9838 |
| | 5 | 1.06667* | .16959 | .000 | .4829 | 1.6505 |
| | 6 | .90000* | .16959 | .000 | .3162 | 1.4838 |
| | 7 | 1.83333* | .16959 | .000 | 1.2495 | 2.4171 |
| | 8 | 2.26667* | .16959 | .000 | 1.6829 | 2.8505 |
| | 9 | 2.96667* | .16959 | .000 | 2.3829 | 3.5505 |
| | 10 | 2.90000* | .16959 | .000 | 2.3162 | 3.4838 |
| | 11 | 1.86667* | .16959 | .000 | 1.2829 | 2.4505 |
| | 12 | 3.86667* | .16959 | .000 | 3.2829 | 4.4505 |
| | 13 | 3.60000* | .16959 | .000 | 3.0162 | 4.1838 |
| 4 | 1 | -.36667 | .16959 | 1.000 | -.9505 | .2171 |
| | 2 | -.36667 | .16959 | 1.000 | -.9505 | .2171 |
| | 3 | -.40000 | .16959 | 1.000 | -.9838 | .1838 |
| | 5 | .66667* | .16959 | .008 | .0829 | 1.2505 |
| | 6 | .50000 | .16959 | .265 | -.0838 | 1.0838 |
| | 7 | 1.43333* | .16959 | .000 | .8495 | 2.0171 |
| | 8 | 1.86667* | .16959 | .000 | 1.2829 | 2.4505 |
| | 9 | 2.56667* | .16959 | .000 | 1.9829 | 3.1505 |
| | 10 | 2.50000* | .16959 | .000 | 1.9162 | 3.0838 |
| | 11 | 1.46667* | .16959 | .000 | .8829 | 2.0505 |
| | 12 | 3.46667* | .16959 | .000 | 2.8829 | 4.0505 |
| | 13 | 3.20000* | .16959 | .000 | 2.6162 | 3.7838 |
| 5 | 1 | -1.03333* | .16959 | .000 | -1.6171 | -.4495 |
| | 2 | -1.03333* | .16959 | .000 | -1.6171 | -.4495 |
| | 3 | -1.06667* | .16959 | .000 | -1.6505 | -.4829 |
| | 4 | -.66667* | .16959 | .008 | -1.2505 | -.0829 |
| | 6 | -.16667 | .16959 | 1.000 | -.7505 | .4171 |
| | 7 | .76667* | .16959 | .001 | .1829 | 1.3505 |
| | 8 | 1.20000* | .16959 | .000 | .6162 | 1.7838 |
| | 9 | 1.90000* | .16959 | .000 | 1.3162 | 2.4838 |
| | 10 | 1.83333* | .16959 | .000 | 1.2495 | 2.4171 |
| | 11 | .80000* | .16959 | .000 | .2162 | 1.3838 |
| | 12 | 2.80000* | .16959 | .000 | 2.2162 | 3.3838 |
| | 13 | 2.53333* | .16959 | .000 | 1.9495 | 3.1171 |
| 6 | 1 | -.86667* | .16959 | .000 | -1.4505 | -.2829 |
| | 2 | -.86667* | .16959 | .000 | -1.4505 | -.2829 |
| | 3 | -.90000* | .16959 | .000 | -1.4838 | -.3162 |
| | 4 | -.50000 | .16959 | .265 | -1.0838 | .0838 |
| | 5 | .16667 | .16959 | 1.000 | -.4171 | .7505 |
| | 7 | .93333* | .16959 | .000 | .3495 | 1.5171 |
| | 8 | 1.36667* | .16959 | .000 | .7829 | 1.9505 |
| | 9 | 2.06667* | .16959 | .000 | 1.4829 | 2.6505 |
| | 10 | 2.00000* | .16959 | .000 | 1.4162 | 2.5838 |
| | 11 | .96667* | .16959 | .000 | .3829 | 1.5505 |
| | 12 | 2.96667* | .16959 | .000 | 2.3829 | 3.5505 |
| | 13 | 2.70000* | .16959 | .000 | 2.1162 | 3.2838 |
| 7 | 1 | -1.80000* | .16959 | .000 | -2.3838 | -1.2162 |
| | 2 | -1.80000* | .16959 | .000 | -2.3838 | -1.2162 |
| | 3 | -1.83333* | .16959 | .000 | -2.4171 | -1.2495 |
| | 4 | -1.43333* | .16959 | .000 | -2.0171 | -.8495 |
| | 5 | -.76667* | .16959 | .001 | -1.3505 | -.1829 |
| | 6 | -.93333* | .16959 | .000 | -1.5171 | -.3495 |
| | 8 | .43333 | .16959 | .858 | -.1505 | 1.0171 |
| | 9 | 1.13333* | .16959 | .000 | .5495 | 1.7171 |
| | 10 | 1.06667* | .16959 | .000 | .4829 | 1.6505 |
| | 11 | .03333 | .16959 | 1.000 | -.5505 | .6171 |
| | 12 | 2.03333* | .16959 | .000 | 1.4495 | 2.6171 |
| | 13 | 1.76667* | .16959 | .000 | 1.1829 | 2.3505 |

续表

| (I) | (J) | 均值差(I-J) | 标准误 | 显著性 | 下限 | 上限 |
| --- | --- | --- | --- | --- | --- | --- |
| 8 | 1 | -2.23333* | .16959 | .000 | -2.8171 | -1.6495 |
| | 2 | -2.23333* | .16959 | .000 | -2.8171 | -1.6495 |
| | 3 | -2.26667* | .16959 | .000 | -2.8505 | -1.6829 |
| | 4 | -1.86667* | .16959 | .000 | -2.4505 | -1.2829 |
| | 5 | -1.20000* | .16959 | .000 | -1.7838 | -.6162 |
| | 6 | -1.36667* | .16959 | .000 | -1.9505 | -.7829 |
| | 7 | -.43333 | .16959 | .858 | -1.0171 | -.1505 |
| | 9 | .70000* | .16959 | .004 | .1162 | 1.2838 |
| | 10 | .63333* | .16959 | .017 | .0495 | 1.2171 |
| | 11 | -.40000 | .16959 | 1.000 | -.9838 | .1838 |
| | 12 | 1.60000* | .16959 | .000 | 1.0162 | 2.1838 |
| | 13 | 1.33333* | .16959 | .000 | .7495 | 1.9171 |
| 9 | 1 | -2.93333* | .16959 | .000 | -3.5171 | -2.3495 |
| | 2 | -2.93333* | .16959 | .000 | -3.5171 | -2.3495 |
| | 3 | -2.96667* | .16959 | .000 | -3.5505 | -2.3829 |
| | 4 | -2.56667* | .16959 | .000 | -3.1505 | -1.9829 |
| | 5 | -1.90000* | .16959 | .000 | -2.4838 | -1.3162 |
| | 6 | -2.06667* | .16959 | .000 | -2.6505 | -1.4829 |
| | 7 | -1.13333* | .16959 | .000 | -1.7171 | -.5495 |
| | 8 | -.70000* | .16959 | .004 | -1.2838 | -.1162 |
| | 10 | -.06667 | .16959 | 1.000 | -.6505 | .5171 |
| | 11 | -1.10000* | .16959 | .000 | -1.6838 | -.5162 |
| | 12 | .90000* | .16959 | .000 | .3162 | 1.4838 |
| | 13 | .63333* | .16959 | .017 | .0495 | 1.2171 |
| 10 | 1 | -2.86667* | .16959 | .000 | -3.4505 | -2.2829 |
| | 2 | -2.86667* | .16959 | .000 | -3.4505 | -2.2829 |
| | 3 | -2.90000* | .16959 | .000 | -3.4838 | -2.3162 |
| | 4 | -2.50000* | .16959 | .000 | -3.0838 | -1.9162 |
| | 5 | -1.83333* | .16959 | .000 | -2.4171 | -1.2495 |
| | 6 | -2.00000* | .16959 | .000 | -2.5838 | -1.4162 |
| | 7 | -1.06667* | .16959 | .000 | -1.6505 | -.4829 |
| | 8 | -.63333* | .16959 | .017 | -1.2171 | -.0495 |
| | 9 | .06667 | .16959 | 1.000 | -.5171 | .6505 |
| | 11 | -1.03333* | .16959 | .000 | -1.6171 | -.4495 |
| | 12 | .96667* | .16959 | .000 | .3829 | 1.5505 |
| | 13 | .70000* | .16959 | .004 | .1162 | 1.2838 |
| 11 | 1 | -1.83333* | .16959 | .000 | -2.4171 | -1.2495 |
| | 2 | -1.83333* | .16959 | .000 | -2.4171 | -1.2495 |
| | 3 | -1.86667* | .16959 | .000 | -2.4505 | -1.2829 |
| | 4 | -1.46667* | .16959 | .000 | -2.0505 | -.8829 |
| | 5 | -.80000* | .16959 | .000 | -1.3838 | -.2162 |
| | 6 | -.96667* | .16959 | .000 | -1.5505 | -.3829 |
| | 7 | -.03333 | .16959 | 1.000 | -.6171 | .5505 |
| | 8 | .40000 | .16959 | 1.000 | -.1838 | .9838 |
| | 9 | 1.10000* | .16959 | .000 | .5162 | 1.6838 |
| | 10 | 1.03333* | .16959 | .000 | .4495 | 1.6171 |
| | 12 | 2.00000* | .16959 | .000 | 1.4162 | 2.5838 |
| | 13 | 1.73333* | .16959 | .000 | 1.1495 | 2.3171 |
| 12 | 1 | -3.83333* | .16959 | .000 | -4.4171 | -3.2495 |
| | 2 | -3.83333* | .16959 | .000 | -4.4171 | -3.2495 |
| | 3 | -3.86667* | .16959 | .000 | -4.4505 | -3.2829 |
| | 4 | -3.46667* | .16959 | .000 | -4.0505 | -2.8829 |
| | 5 | -2.80000* | .16959 | .000 | -3.3838 | -2.2162 |
| | 6 | -2.96667* | .16959 | .000 | -3.5505 | -2.3829 |
| | 7 | -2.03333* | .16959 | .000 | -2.6171 | -1.4495 |
| | 8 | -1.60000* | .16959 | .000 | -2.1838 | -1.0162 |
| | 9 | -.90000* | .16959 | .000 | -1.4838 | -.3162 |
| | 10 | -.96667* | .16959 | .000 | -1.5505 | -.3829 |
| | 11 | -2.00000* | .16959 | .000 | -2.5838 | -1.4162 |
| | 13 | -.26667 | .16959 | 1.000 | -.8505 | .3171 |
| 13 | 1 | -3.56667* | .16959 | .000 | -4.1505 | -2.9829 |
| | 2 | -3.56667* | .16959 | .000 | -4.1505 | -2.9829 |
| | 3 | -3.80000* | .16959 | .000 | -4.1838 | -3.0162 |
| | 4 | -3.20000* | .16959 | .000 | -3.7838 | -2.6162 |
| | 5 | -2.53333* | .16959 | .000 | -3.1171 | -1.9495 |
| | 6 | -2.70000* | .16959 | .000 | -3.2838 | -2.1162 |
| | 7 | -1.76667* | .16959 | .000 | -2.3505 | -1.1829 |
| | 8 | -1.33333* | .16959 | .000 | -1.9171 | -.7495 |
| | 9 | -.63333* | .16959 | .017 | -1.2171 | -.0495 |
| | 10 | -.70000* | .16959 | .004 | -1.2838 | -.1162 |
| | 11 | -1.73333* | .16959 | .000 | -2.3171 | -1.1495 |
| | 12 | .26667 | .16959 | 1.000 | -.3171 | .8505 |

* 均值差的显著性水平为0.05.

# 参考文献

[1] Anon. Design theory at Bauhaus: teaching "splitting" knowledge[J]. Research in Engineering Design, 2016, 27（2）: 91-115.

[2] MICHL J. Taking Down the Bauhaus Wall: Towards Living Design History as a Tool for Better Design[J]. The Design Journal, 2014, 17（3）: 445-453.

[3] MALMBORG L. The Digital Bauhaus: vision or reality?[J]. Digital Creativity, 2004, 15（3）: 175-181.

[4] BEARDON C. The Digital Bauhaus: aesthetics, politics and technology[J]. Digital Creativity, 2003, 14（3）: 169-179.

[5] GEORGE H M. Disavowing Craft at the Bauhaus: Hiding the Hand to Suggest Machine Manufacture[J]. The Journal of Modern Craft, 2008, 1（3）: 345-356.

[6] CHEN Wen-wen, HE Zhuo-zuo. The Analysis of the Influence and Inspiration of the Bauhaus on Contemporary Design and Education[J]. Engineering, 2013, 05（04）: 323-328.

[7] 黄智宇. 后现代主义之后产品设计风格发展研究[D]. 长沙: 湖南大学, 2005.

[8] 邱志诚, 高娟, 李惠萍. 产品人性化设计与理性的关系[J]. 包装工程, 2005（02）: 188-189+198.

[9] 耿葵花. 产品人性化设计之我见[J]. 包装工程, 2007（03）: 130-132.

[10] 蔡克中, 施大治. 论情感性元素在产品人性化设计中的体现[J]. 包装工程, 2007（05）: 109-111.

[11] 徐治国. 产品设计中的"摹"与"造"[J]. 包装世界, 2017（06）: 42-43.

[12] 石荻. 数字产品设计中的同质化分析[J]. 艺术教育, 2016（02）: 237.

[13] 虞勤. 对我国现代工业设计缺乏个性现象的探究[D]. 上海: 上海戏剧学院, 2012.

[14] 徐士福. 材质在现代家具中的视觉表现[J]. 包装工程, 2010（10）: 23-25.

[15] 王琦. 视觉传达中的材质情感表达[D]. 长春: 吉林大学, 2006.

[16] 龚剑波. 基于椅子的金属与塑料材质视觉特性研究[D]. 南京: 南京林业大学, 2012.

[17] 马川. 皮革产品的感性价值建构与设计研究[D]. 杭州: 中国美术学院, 2014.

[18] 雷琼, 张仲凤, 奚茜, 等. 基于感性工学的家具材质感性评价研究[J]. 中南林业科技大学学报, 2017（04）: 109-111+11.

[19] 唐帮备, 郭钢, 夏进军. 基于用户视/触觉体验的工业设计材质测评方法研究[J]. 机械工程学报, 2017（03）: 162-172.

[20] 赵艳云, 边放, 李巨韬. 基于感性工学的产品材质意象研究[J]. 机械设计, 2015（08）: 117-121.

[21] 陈璐伟. 塑料材质质感要素语意量化及优化方法研究[D]. 哈尔滨: 哈尔滨工业大学, 2014.

[22] 周美玉, 熊驭舟. 基于感性工学的产品材质设计效果评价[J]. 包装工程, 2010（06）: 32-35.

[23] 范跃飞. 基于感性工学和神经网络的产品意象造型设计系统研究[D]. 兰州: 兰州理工大学, 2011.

[24] 苏珂，孙守迁. 基于基因表达式编程的产品材质意象决策支持模型[J]. 计算机集成制造系统，2012（02）：237-242.

[25] 苏建宁，赵慧娟，王瑞红，等. 基于支持向量机和粒子群算法的产品意象造型优化设计[J]. 机械设计，2015（01）：105-109.

[26] 刘昕. 混合感性工学驱动的舱内人机设计与评价方法研究[D]. 西安：西北工业大学，2016.

[27] 徐江，孙守迁，张克俊. 基于遗传算法的产品意象造型优化设计[J]. 机械工程学报，2007（04）：53-58+64.

[28] 王贞，赵江洪. 汽车造型的工程属性与情感属性的映射关系研究[J]. 包装工程，2016（20）：20-24.

[29] 卢兆麟，张悦，FRENKLER F. 基于映射关系的产品设计DNA描述方法研究[J]. 机械设计，2014（09）：1-5+9.

[30] 罗仕鉴，朱上上，应放天，等. 产品设计中的用户隐性知识研究现状与进展[J]. 计算机集成制造系统，2010（04）：673-688.

[31] 罗仕鉴，朱上上，应放天，等. 产品设计中的用户隐性知识研究现状与进展[J]. 计算机集成制造系统，2010（04）：673-688.

[32] 苏建宁，李鹤岐. 基于感性意象的产品造型设计方法研究[J]. 机械工程学报，2004（04）：164-167.

[33] 姚湘，胡鸿雁，李江泳. 基于感性工学的车身侧面造型设计研究[J]. 包装工程，2014（04）：40-43.

[34] 胡志刚，余隋怀，闫红玲，等. 基于案例知识的数控机床感性配色研究[J]. 机械设计，2017（03）：117-120.

[35] 陈祖建. 消费者和设计师的家具产品感性意象模型研究[J]. 工程图学学报，2010（05）：53-62.

[36] 陈梦瑶，张仲凤. 材质特性在家具设计中的运用[J]. 包装工程，2017（02）：141-145.

[37] 郭劲锋，袁哲. 儿童家具材质的感性工学分析与研究[J]. 家具与室内装饰，2015（11）：100-103.

[38] YAN Zhou, TANG Ruo-yue, PING Yang. The study of material texture image model by kansei engineering[J]. Advanced Materials Research, 2013, 2450（712）：页码范围缺失.

[39] LOTTRIDGE D, CHIGNELL M, SHARON E S. Requirements analysis for customization using subgroup differences and large sample user testing：A case study of information retrieval on handheld devices in healthcare[J]. International Journal of Industrial Ergonomics, 2011, 41（3）：208-218.

[40] THARANGIE, D K G, IRFAN, et al. A. Kansei Colour Concepts to Improve Effective Colour Selection in Designing Human Computer Interfaces[J]. International Journal of Computer Science Issues（Ijcsi）, 2010, 7（3）：21-25.

[41] 胡伟峰，赵江洪. 用户期望意象驱动的汽车造型基因进化[J]. 机械工程学报，2011（16）：176-181.

[42] 罗仕鉴，李文杰，傅业焘. 消费者偏好驱动的SUV产品族侧面外形基因设计[J]. 机械工程学报，2016（02）：173-181.

[43] 傅业焘，罗仕鉴. 面向风格意象的产品族外形基因设计[J]. 计算机集成制造系统，2012 （03）：449-457.

[44] 徐江，孙守迁，张克俊. 基于遗传算法的产品意象造型优化设计[J]. 机械工程学报，2007（04）：53-58+64.

[45] 范跃飞. 基于感性工学和神经网络的产品意象造型设计系统研究[D]. 兰州：兰州理工大学，2011.

[46] 苏建宁，赵慧娟，王瑞红，等. 基于支持向量机和粒子群算法的产品意象造型优化设计[J]. 机械设计，2015（01）：105-109.

[47] 吴杜. 感性设计过程中的映射方法研究[D]. 天津：天津大学，2011.

[48] HUNG-YUAN CHEN Y C. Extraction of product form features critical to determining consumers' perceptions of product image using a numerical definition-based systematic approach[J]. International Journal of Industrial Ergonomics, 2008, 39（1）：133-145.

[49] 苏珂，孙守迁. 基于基因表达式编程的产品材质意象决策支持模型[J]. 计算机集成制造系统，2012（02）：237-242.

[50] 孙凌云，孙守迁，许佳颖. 产品材料质感意象模型的建立及其应用[J]. 浙江大学学报（工学版），2009（02）：283-289.

[51] 曹子建. 产品材料质感意象与用户偏好定量关系研究[D]. 哈尔滨：哈尔滨工业大学，2015.

[52] 谈卫，孙有朝，徐争前，等. 基于视觉意象的飞机座舱内塑料材质设计方法研究[J]. 计算机与数字工程，2016（10）：2061-2067.

[53] 汪颖，张三元，张克俊，等. 产品材料质感偏好意象进化认知算法与系统[J]. 计算机集成制造系统，2014（04）：762-770.

[54] 苗艳凤，关惠元. 基于感性工学的木材山峰状纹理视觉特性研究[J]. 家具与室内装饰，2013（01）：58-60.

[55] 韩飞鸿. 基于感性意象的白色家电CMF设计研究[D]. 济南：山东大学，2015.

[56] 王炜. 基于CMF的混合动力型轿车面饰色彩研究[D]. 武汉：武汉理工大学，2010.

[57] ZHANG CHAO W X. Quantification Method of Interior "Quality Sense" Design[J]. Boletin Tecnico, 2017, 55（13）：18-24.

[58] GROISSBOECK W, LUGHOFER E, THUMFART S. Associating visual textures with human perceptions using genetic algorithms[J]. Information Sciences, 2010, 180（11）：2065-2084.

[59] 何平. 基于可拓模型的本体进化研究[D]. 广州：广东工业大学，2011.

[60] VLADAREANU V, MUNTEANU R I, MUMTAZ A, et al. The Optimization of Intelligent Control Interfaces Using Versatile Intelligent Portable Robot Platform[J]. Procedia Computer Science, 2015, 65（1）：225-232.

[61] OLARU A. Optimal Solving of the Contradictory Problem between Hydraulic Cylinder's Precision and Stability with Extenics Theory[J]. Applied Mechanics and Materials, 2013, 2644（390）：178-191.

[62] VICTOR V, PAUL S, SHUANG Cang, et al. Reduced Base Fuzzy Logic

Controller for Robot Actuators[J]. Applied Mechanics and Materials, 2014, 3201 ( 555 ): 249-258.

[63] SREENIVASARAO V, SRINIVASU R, RAMASWAMY G, et al. The Research of Distributed Data Mining Knowledge Discovery Based on Extension Sets[J]. International Journal of Computer Applications, 2010, 8 ( 2 ): 12.

[64] 杨春燕, 蔡文, 涂序彦. 可拓学的研究、应用与发展[J]. 系统科学与数学, 2016 ( 09 ): 1507-1512.

[65] 陈云华. 基于可拓学与面部视觉特征的精神疲劳识别研究[D]. 广州: 广东工业大学, 2013.

[66] 张艳. 可拓智能设计方法及其应用研究[D]. 哈尔滨: 哈尔滨工业大学, 2008.

[67] 李宇洁, 李卫华. 基于第一创造法的可拓创新软件设计[J]. 广东工业大学学报, 2017 ( 02 ): 6-11.

[68] 邓群钊, 郭艳清, 李莎莎. 可拓学在管理领域中的应用研究进展[J]. 数学的实践与认识, 2009 ( 04 ): 88-93.

[69] 齐宁宁, 杨春燕. 基于可拓学第三创造法的产品概念设计[J]. 数学的实践与认识, 2015 ( 05 ): 226-238.

[70] 杨春燕, 李卫华, 汤龙, 等. 基于可拓学和HowNet的策略生成系统研究进展[J]. 智能系统学报, 2015 ( 06 ): 823-830.

[71] 蔡文, 杨春燕. 可拓学的基础理论与方法体系[J]. 科学通报, 2013 ( 13 ): 1190-1199.

[72] 李卫华, 傅晓东. 可拓创新软件体系结构研究[J]. 广东工业大学学报, 2016 ( 02 ): 1-4.

[73] 李宇洁, 李卫华. 基于第一创造法的可拓创新软件设计[J]. 广东工业大学学报, 2017 ( 02 ): 6-11.

[74] 赵燕伟, 周建强, 洪欢欢, 等. 可拓设计理论方法综述与展望[J]. 计算机集成制造系统, 2015 ( 05 ): 1157-1167.

[75] 赵燕伟. 基于多级菱形思维模型的方案设计新方法[J]. 中国机械工程, 2000 ( 06 ): 93-96+8.

[76] 邹广天. 建筑设计创新与可拓思维模式[J]. 哈尔滨工业大学学报, 2006 ( 07 ): 1120-1123.

[77] 马辉, 邹广天. 基于可拓数据挖掘的室内设计数据分析与知识应用[J]. 装饰, 2017 ( 08 ): 112-114.

[78] 程霏, 邹广天. 文物建筑保护设计中的可拓方法——以审美体验型文物建筑为例[J]. 新建筑, 2006 ( 05 ): 10-13.

[79] 孙明, 邹广天. 基于可拓学的城市生态规划的目标和条件界定研究[J]. 华中建筑, 2009 ( 09 ): 145-148.

[80] 王科奇, 邹广天. 论可拓建筑设计创新的基核——创新元[J]. 四川建筑科学研究, 2014 ( 02 ): 248-252.

[81] 杨刚俊, 余隋怀, 初建杰. 基于可拓学模型的产品创新设计方法[J]. 包装工程, 2011 ( 18 ): 30-33.

[82] ZHANG Chao, WEI Xin, LIANG Yong. Airport self-service terminal design based on extenics[J]. Boletin Tecnico, 2017, 55 ( 12 ): 202-212.

[83]　杨刚俊，余隋怀，初建杰. 基于可拓学模型的产品创新设计方法[J]. 包装工程，2011 （18）：30-33.

[84]　冯青，吴限，耶虹菲，等. 基于优度理论的产品设计知识评价方法研究[J]. 包装工程，2015（06）：100-104.

[85]　桂方志，任设东，赵燕伟，等. 基于改进可拓学第三创造法的产品创新设计[J]. 智能系统学报，2017（01）：38-46.

[86]　杨春燕，蔡文. 基于可拓学的创意生成与生产研究[J]. 广东工业大学学报，2016（01）：12-16.

[87]　贺雪梅. 基于种群聚类的产品形态创新方法研究[D]. 西安：西安理工大学，2016.

[88]　吴通，余隋怀. 一种基于可拓学的产品工业设计色彩表示方法[C]//Applied Computing, Computer Science, and Computer Engineering（ACC 2011 V4），Vol.4. Kota Kinabalu, Malaysia, 2011: 4.

[89]　孔俏然. 面向消费者感知意象的童车造型研究[D]. 西安：陕西科技大学，2015.

[90]　AMIC G H, KIN W S. Emotion Design, Emotional Design, Emotionalize Design: A Review on Their Relationships from a New Perspective[J]. The Design Journal, 2012, 15（1）: 9-32.

[91]　HEIDIG S, MÜLLER J, REICHELT M. Emotional design in multimedia learning: Differentiation on relevant design features and their effects on emotions and learning[J]. Computers in Human Behavior, 2015, 44（1）: 81-95.

[92]　CHUN Qing-yang. Emotional Design of Modern Products Reflect[J]. Advanced Materials Research, 2013, 2450（712）: 2925-2928.

[93]　ZOLKIFLY N H, BAHAROM S N. Selling Cars through Visual Merchandising: Proposing Emotional Design Approach[J]. Procedia Economics and Finance, 2016, 37（1）: 412-417.

[94]　WIEDERHOLD B K, RIVA G, BOUCHARD S, et al. Immersive Virtual Environments for Emotional Engineering: Description and Preliminary Results[J]. Studies in Health Technology and Informatics, 2011, 167（1）: 199-203.

[95]　AYAS E, EKLUND J, ISHIHARA S. Affective design of waiting areas in primary healthcare[J]. The TQM Journal, 2008, 20（4）: 389-408.

[96]　LIN Yang-cheng, WEI Chun-chun. A hybrid consumer-oriented model for product affective design: An aspect of visual ergonomics[J]. Human Factors and Ergonomics in Manufacturing & Service Industries, 2017, 27（1）: 17-29.

[97]　JIANXIN J, ZHANG Yi-yang, HELANDER M. A Kansei mining system for affective design[J]. Expert Systems With Applications, 2005, 30（4）: 658-673.

[98]　DAHLGAARD J J, SCHÜTTE S, AYAS E, et al. Kansei /affective engineering design[J]. The TQM Journal, 2008, 20（4）: 299-311.

[99]　YUSSOF R L, ABAS H, Tengku Nazatul Shima Tengku Paris. Affective Engineering of Background Colour in Digital Storytelling for Remedial Students[J]. Procedia – Social and Behavioral Sciences, 2012, 68（1）: 202-212.

[100]　苏建宁，江平宇，朱斌，等. 感性工学及其在产品设计中的应用研究[J]. 西安交通大学

学报，2004（01）：60-63.

[101]　罗仕鉴，潘云鹤. 产品设计中的感性意象理论、技术与应用研究进展[J]. 机械工程学报，2007（03）：8-13.

[102]　吴瑕. 基于消费者视觉感性意象的产品材质搭配设计研究[D]. 杭州：浙江工业大学，2010.

[103]　苏珂，孙守迁，柴春雷，等. 客制化产品材质意象决策支持模型[J]. 中国机械工程，2011（14）：1723-1728.

[104]　左恒峰，彭露. 基于CMF的民用飞机内饰研究与设计创意[J]. 装饰，2017（11）：100-103.

[105]　左恒峰，苏华. 论CMF的主观体验：色彩[J]. 设计艺术研究，2017（06）：29-35+48.

[106]　李三新. CMF创造产品完美用户体验[J]. 设计，2014（12）：114-116.

[107]　GREGORY A M, PARSA H G. Kano's Model: An Integrative Review of Theory and Applications to the Field of Hospitality and Tourism[J]. Journal of Hospitality Marketing & Management, 2013, 22（1）: 25-46.

[108]　ROTAR L J, KOZAR M. The Use of the Kano Model to Enhance Customer Satisfaction[J]. Organizacija, 2017, 50（4）: 339-351.

[109]　NOLMAN D A. The emotional design[M]. Berkeley USA: Basic Books, 2005: 5-11.

[110]　丁俊武，杨东涛，曹亚东，等. 情感化设计的主要理论、方法及研究趋势[J]. 工程设计学报，2010（01）：12-18+29.

[111]　TANOUE C, ISHIZAKA K, NAGAMACHI M. Kansei engineering: A study on perception of vehicle interior image[J]. International Journal of Industrial Ergonomics, 1997, 19（2）: 115-128.

[112]　NAGAMACHI M. Introduction of Kansei engineering[M]. Tokyo, Japan: Standard Association, 1996: 121-131.

[113]　李勇，醽尾徹. 感性需求的"翻译"技术[J]. 浙江工业大学学报（社会科学版），2015（02）：165-168.

[114]　苏建宁，李鹤岐. 基于感性意象的产品造型设计方法研究[J]. 机械工程学报，2004（04）：164-167.

[115]　吴杜. 感性设计过程中的映射方法研究[D]. 天津：天津大学，2011.

[116]　周美玉. 感性·设计[M]. 上海：上海科学技术出版社，2011.

[117]　齐宁宁. 基于ITCM的产品可拓创新系统研究与设计[D]. 广州：广东工业大学，2016.

[118]　刘征宏. 面向产品概念设计的隐性知识转化模型构建及重用研究[D]. 贵阳：贵州大学，2016.

[119]　仇成，冯俊文，郭春明. TRIZ与可拓学的比较研究[J]. 工业技术经济，2007（10）：105-107.

[120]　蔡文，杨春燕. 可拓学的基础理论与方法体系[J]. 科学通报，2013（13）：1190-1199.

[121]　杨春燕. 可拓学[M]. 北京：科学出版社，2014.

[122]　赵燕伟. 智能化概念设计的可拓方法研究[D]. 上海：上海大学，2005.

[123]　杨春燕，李兴森. 可拓创新方法及其应用研究进展[J]. 工业工程，2012（01）：131-137.

[124]　蔡文. 可拓学概述[J]. 系统工程理论与实践，1998（01）：77-85.

[125]　程霏. 文物建筑保护的可拓设计理论与方法研究[D]. 哈尔滨：哈尔滨工业大学，2007.

[126]　李仁旺，彭卫平，顾新建，等. 可拓学中优度评价方法在变型设计中的应用研究[J]. 计算机集成制造系统-CIMS，2001（04）：48-51.